MATEMÁTICAS
FUNCIONES
LÍMITES, DERIVADAS E INTEGRALES

Jhoan M. López

OBERON

Los Profes de Ciencias

OBERON

Diseño de cubierta: Celia Antón Santos

Editor: Víctor Manuel Ruiz Calderón

Ilustraciónes e imágenes: © 2003-2024 Shutterstock, Inc.

Textos y el resto de ilustraciones e imágenes: Copyright © 2024 Jhoan M. López

© EDICIONES OBERON (GRUPO ANAYA, S.A.), 2024
   Valentín Beato, 21. 28037 Madrid
   Depósito legal: M. 3.029-2024
   ISBN: 978-84-415-4990-6
   Impreso en España

PAPEL DE FIBRA
CERTIFICADA

INTRODUCCIÓN

Durante años soñé con escribir este libro. Un libro de matemáticas que te explica las funciones de un modo ameno, divertido, con un lenguaje coloquial y que, a su vez, tiene asociado decenas de vídeos privados con explicaciones que te harán comprender la materia. "¿Un libro de matemáticas interactivo? Sí, se puede". Tienes en tu mano no solo un libro, sino un profesor particular que te ayudará a alcanzar tus metas educativas. La experiencia me dice que a veces las funciones se atascan un poco y las derivadas e integrales dan miedo, pero, lejos de que eso sea real, te invito a que comiences el libro con la idea de que son fáciles de entender. En poco tiempo te convertirás en una persona experta en la materia que destacará en clase por sus notas en los exámenes y en la prueba de acceso a la universidad por obtener la nota deseada para entrar en la carrera con la que tanto tiempo llevas soñando. A lo largo del libro verás que hay muchos códigos QR que te llevarán a vídeos con explicaciones relacionadas con lo que estás viendo en ese momento, te animo a que los veas y hagas junto a mí los ejercicios que propongo en la pizarra. Gracias por dejar que sea tu profesor particular encerrado en un libro.

Me siento muy afortunado de tener la mejor comunidad de Internet, de tal manera que muchas gracias a todos y cada uno que la forman y la formarán, gracias por el apoyo que recibo a diario; sois los culpables de que este libro sea posible. Gracias a aquellas personas que empezaron como compañeros de profesión y a día de hoy son amigos. Gracias también a esas personitas que empezaron como alumnos y alumnas y hoy son parte de mi círculo de amigos, aprendí mucho de docencia impartiendo vuestras clases. Familia y amigos, muchas gracias por estar ahí siempre. Y, por supuesto, **especial agradecimiento a mi madre, padre y hermana. Gracias por confiar en mí incondicionalmente y apoyarme en todo lo que hago. Gracias por la educación que me habéis dado y por hacer que cada día crezca como profesor.**

REDES SOCIALES

 https://youtube.com/LosProfesDeCiencias

 https://www.tiktok.com/@losprofesdeciencias

 https://www.instagram.com/losprofesdeciencias/

CONTENIDO

1 FUNCIONES

Antes de empezar este fascinante viaje en el que te convertirás en una persona experta en funciones matemáticas y sus aplicaciones, es necesario que empecemos por lo más sencillo.

¿QUÉ ES UNA FUNCIÓN?

Para ello, imagina que estás delante de una máquina que dispensa *snacks* y bebidas. Siempre que presiones la misma tecla, obtendrás el mismo producto, ¿verdad?

Pues una función es lo mismo. Se trata de una relación entre un conjunto de entradas, que llamaremos dominio de la función, y un conjunto de salidas, que será la imagen de la función. En términos más sencillos, una función toma un valor como entrada y produce un valor correspondiente de salida. Cada entrada se relaciona con una única salida de acuerdo con las instrucciones definidas por la expresión algebraica que define la función, pudiendo elaborar lo que llamaremos tabla de valores de la función.

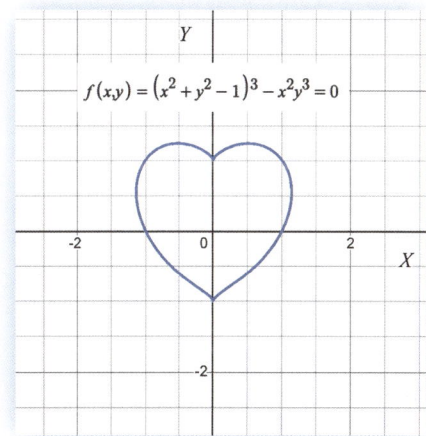

$$f(x,y) = \left(x^2 + y^2 - 1\right)^3 - x^2 y^3 = 0$$

No es función

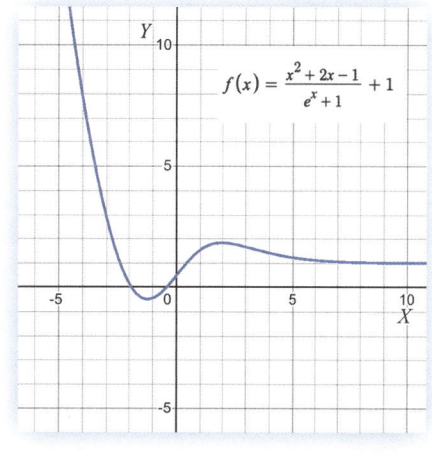

$$f(x) = \frac{x^2 + 2x - 1}{e^x + 1} + 1$$

Es función

En el caso del corazón, hay valores de x que tienen 2 valores de y, por tanto, no es función. Solo puede haber un único valor de y para cada x, como se observa en la gráfica de la derecha.

El dominio de una función es algo que vas a hacer en todos tus ejercicios de funciones. Empecemos por el concepto.

¿QUÉ ES EL DOMINIO DE UNA FUNCIÓN?

Para ello recurrimos a un símil. Imagina que eres el director de un parque de atracciones y tienes una montaña rusa emocionante. Ahora, no todos pueden subir a esa montaña rusa, ¿verdad? Los niños pequeños no, ¡sería peligroso!

Entonces, aquí viene el truco: el "dominio" es como la lista de alturas permitidas para subir a la montaña rusa. Si alguien de la fila tiene una altura permitida, puede subir y disfrutar del paseo lleno de emociones, pero, si alguien no está en la lista, ¡mejor que se quede en tierra firme!

En términos matemáticos, el dominio de una función es igual. Es la lista de todos los números que pueden "subir" a la función para obtener respuestas sensatas y permitidas.

Es decir, son los valores que le podemos dar a la variable x para obtener un único valor de la variable y.

Ahora que ya sabemos lo que es el dominio, llega el momento de centrarnos en cómo calcularlo, ya que no todas las funciones tienen como dominio todos los números reales. Para dar la solución del dominio de una función es muy común hacer uso de intervalos. En caso de que necesites un repaso de cómo expresar intervalos escanea el código QR, te mandará a un vídeo con una explicación sobre el tema.

El primer tipo de funciones a la que vamos a calcular el **dominio** es a las **funciones polinómicas**. Se trata quizás de las funciones más sencillas y cuya ecuación general es:

$$f(x) = ax^n + bx^{n-1} + cx^{n-2} + \ldots + d$$

El dominio de este tipo de funciones SIEMPRE es $\mathbb{R}$, es decir, podemos darle el valor que nos dé la gana, su dominio será siempre todos los números reales.

Ejemplo:

$$f(x) = 3x^3 + x^2 - 2$$

$$\text{Dom } f(x) = \mathbb{R}$$

Pasemos ahora al dominio de **funciones racionales**. Identificar una función racional es muy sencillo, ya que se trata de una fracción en la que encontramos, tanto en el numerador como en el denominador, expresiones algebraicas con la variable x como protagonista. Su expresión general sería la siguiente:

$$f(x) = \frac{ax^n + bx^{n-1} + \ldots}{cx^n + dx^{n-1} + \ldots}$$

Cabe destacar que tanto en numerador como denominador podemos encontrar funciones irracionales, exponenciales, trigonométricas, etc. De momento, nos centraremos en el caso más sencillo, que sería tener polinomios tanto en el numerador como en el denominador. En cuanto tengamos los conocimientos del resto de funciones, iremos subiendo la dificultad de los ejercicios a realizar.

En cualquiera de los casos, en una función racional a la hora de calcular su dominio nos vamos a centrar en los valores de x que hacen que el denominador tome el valor 0, en caso de que los haya. Es decir, a la hora de calcular el dominio de una función racional, igualamos el denominador a 0 y resolvemos la ecuación.

Recordemos:

$$\frac{0}{k} = 0 \qquad y \qquad \frac{k}{0} = \nexists$$

Sea k cualquier número distinto de 0.

De esta manera, aquellos valores que hagan el denominador 0 serán los que queden excluidos del dominio de la función. Veamos un ejemplo:

$$f(x) = \frac{4x^3 - 2x^2 + 4}{x^2 - 9}$$

Lo primero que hacemos es igualar el denominador a 0 y resolver:

$$x^2 - 9 = 0$$
$$x^2 = 9$$
$$x = \begin{cases} -3 \\ 3 \end{cases}$$

De esta manera el dominio de $f(x) = \mathbb{R} - \{-3, 3\}$.

¿QUÉ SIGNIFICA?

Que le podemos dar a la función cualquier valor a excepción del -3 y el 3. Además, esta información es muy valiosa para el cálculo de asíntotas verticales que veremos más adelante.

Para profundizar sobre el dominio de este tipo de funciones tienes el código QR del *post-it* un vídeo con más ejemplos y casos especiales en los que el dominio de este tipo de funciones se corresponde con todos los números reales.

Dominar el cálculo del dominio de una función racional, independientemente del nivel de dificultad, es muy importante de cara a la prueba de acceso a la universidad. Es muy común que un apartado sea realizar el dominio de una función racional, como veremos más adelante con ejemplos reales de pruebas de acceso.

Pasemos ahora a calcular el dominio de **funciones irracionales**. Se trata de un procedimiento sencillo en el que tenemos que recordar únicamente que el dominio de una raíz de índice impar siempre será todos los números reales $\mathbb{R}$, ya que en este caso sí que existen las raíces impares de números negativos. Por el contrario, en las raíces de índice par, su dominio será única y exclusivamente cuando el valor del radicando (lo que va dentro de la raíz) sea mayor o igual a cero. De este modo, es importante que dominemos los conceptos de las inecuaciones, ya que, gracias a ellas, seremos capaces de dar solución al dominio que se nos plantea. En caso de que necesites un repaso de inecuaciones, tienes el código QR de un vídeo con un repaso sobre la materia.

Veamos un ejemplo de dominio de función irracional:

$$f(x) = \sqrt{x^2 - 1}$$

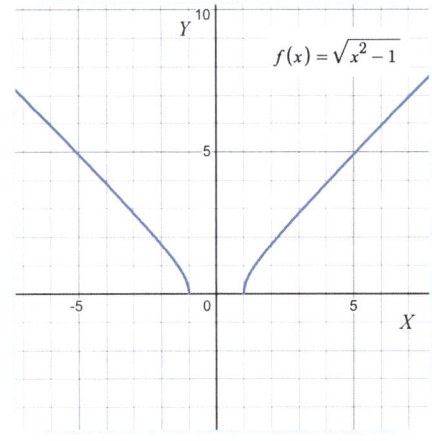

Nos centramos en el radicando y calculamos para qué valores de x es mayor o igual a 0:

$$x^2 - 1 \geq 0$$

$$x^2 \geq 1$$

Solución: $(-\infty, -1] \cup [1, +\infty)$

De esta manera el dominio de $f(x) = \in (-\infty, -1] \cup [1, +\infty)$.

En esta ocasión, al tratarse de una función irracional, los valores umbral del intervalo estarían contenidos, pero, si por un casual tenemos una función racional en la que el denominador es una raíz, recordemos que el valor del denominador debe ser distinto de cero, por lo que, en vez de poner el resultado con corchetes, deberíamos notarlo con paréntesis, indicando que esos valores no se tienen en cuenta y están fuera del dominio. En el *post-it* tienes un vídeo con un ejemplo como el que te indico, ¡no dejes de verlo!

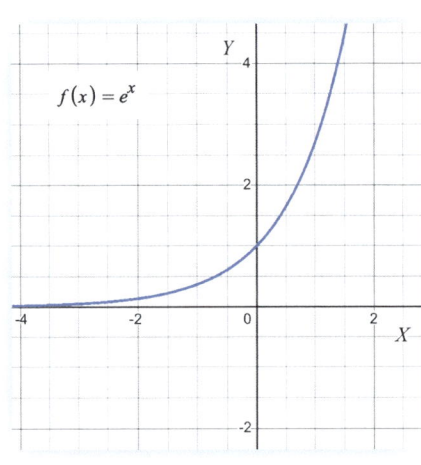

Abordemos ahora el dominio de **funciones exponenciales**. Su dominio es muy sencillo y fácil de recordar, ya que, al igual que las funciones polinómicas, siempre será todos los números reales $\mathbb{R}$. Se trata de una función continua cuyo aspecto es como el que se muestra en la figura:

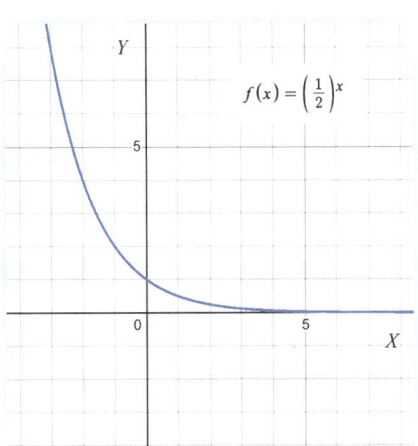

Para cualquier función exponencial, su dominio siempre será:

$$\text{Dom } f(x) = \mathbb{R}$$

Ha llegado el momento de las **funciones logarítmicas.** Su procedimiento es similar al caso de las funciones irracionales, en el que el valor del radicando no puede ser menor a cero en las raíces de índice par. En esta ocasión, si nos remontamos a la definición de logaritmo, nos encontraremos lo siguiente:

$$log_n(0) = \not\exists$$

Es decir, el logaritmo de 0 no existe para cualquier valor de la base del logaritmo, incluido el logaritmo neperiano.

Por tanto, el dominio de una función logarítmica estará definido únicamente para los valores mayores que 0, sin incluir el cero. Veamos un ejemplo:

$$f(x) = \log(x + 3)$$

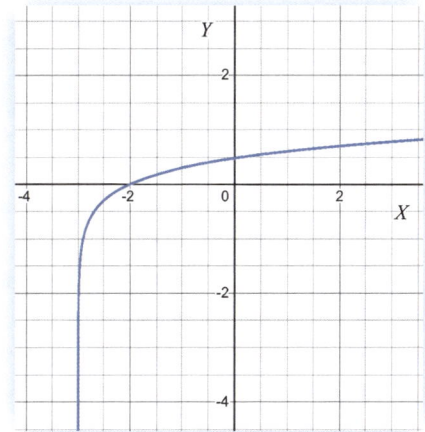

Según lo que hemos visto, su dominio serán los valores de x que hagan que el interior del logaritmo sea mayor que 0.

$$x + 3 > 0$$
$$x > -3$$

El dominio de $f(x) = \mathbb{R} \in (-3, +\infty)$.

Al igual que las funciones irracionales, dominar las inecuaciones es algo fundamental en este tipo de dominios. Para profundizar más en el tema, tienes en el código QR un ejemplo de una función más complicada para así ir afrontando ejercicios de mayor dificultad. Quiero que veas que se hacen todos igual siguiendo siempre los mismos pasos.

Avancemos hasta el dominio de las **funciones trigonométricas.** El dominio de la función seno y coseno es muy sencillo de recordar, será siempre para ambas todos los números reales $\mathbb{R}$.

$$f(x) = sen(x) \rightarrow Dom\, f(x) = \mathbb{R}$$

$$f(x) = cos(x) \rightarrow Dom\, f(x) = \mathbb{R}$$

Para entender el dominio del resto de funciones trigonométricas es necesario que pensemos en la gráfica del seno y del coseno, y comprobemos en qué puntos de su dominio la imagen de la función es 0:

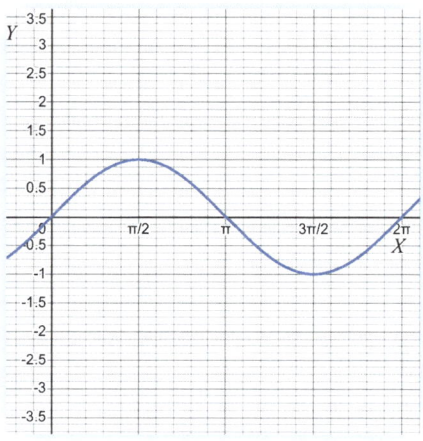

$$sen(x) = 0 \rightarrow \begin{cases} x = 0 \\ x = \pi\ rad \\ x = 2\pi\ rad \end{cases} \rightarrow k\pi\ rad$$

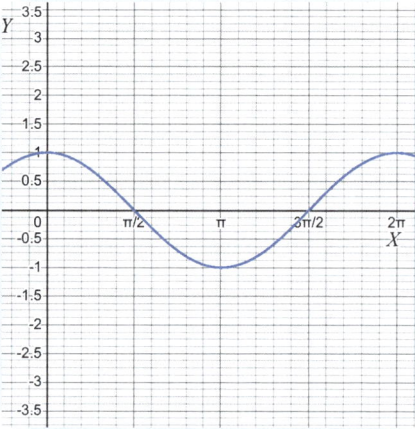

$$cos(x) = 0 \rightarrow \begin{cases} x = \dfrac{\pi}{2}\ rad \\ x = \dfrac{3\pi}{2}\ rad \end{cases} \rightarrow (2k+1)\dfrac{\pi}{2}\ rad$$

Todo ello porque:

$$tan(x) = \frac{sen(x)}{\cos(x)}$$

Esto nos hace pensar en el dominio de una función racional y, por tanto, que el denominador no puede ser 0. Todo ello nos lleva a que el dominio de la función tangente sea todos los números reales a excepción de aquellos valores del denominador que lo hacen cero, es decir, donde el coseno toma el valor cero:

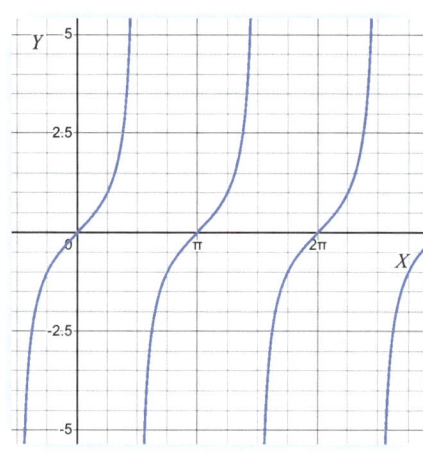

$$f(x) = \tan(x)$$

$$Dom\ f(x) = \mathbb{R} - \left\{ (2k+1)\frac{\pi}{2}\ rad \right\}$$

Del mismo modo que calculamos y abordamos el dominio de la función tangente, se realiza el dominio de las funciones cotangente, secante y cosecante, tal y como os muestro a continuación:

FUNCIÓN	DOMINIO
$f(x) = cose\,c(x) = \dfrac{1}{sen(x)}$	$Dom\ f(x) = \mathbb{R} - \{k\pi\ rad\}$
$f(x) = sec\,(x) = \dfrac{1}{cos(x)}$	$Dom\ f(x) = \mathbb{R} - \left\{(2k+1)\dfrac{\pi}{2}\ rad\right\}$
$f(x) = cotg\,(x) = \dfrac{1}{tan(x)}$	$Dom\ f(x) = \mathbb{R} - \{k\pi\ rad\}$

Para terminar en este apartado de dominios, llega el momento de tratar el dominio de **funciones a trozos**. Este tipo de funciones, en lugar de seguir una única expresión en todo su dominio, adapta su comportamiento de acuerdo con las condiciones establecidas en cada intervalo. Por tanto, tendremos que tener muy en cuenta qué sucede en cada intervalo y cuáles van a ser sus límites. Cada segmento de la función se rige por su propia fórmula, lo que le permite abordar variadas situaciones y casos.

Veamos un ejemplo de función a trozos y analicemos su dominio:

$$f(x) = \begin{cases} x^3 + 4x^2 - 2, & x < 0 \\ \dfrac{3x}{x^2 - 1}, & x \geq 0 \end{cases}$$

Se trata de una función a trozos porque tenemos dos funciones:

$x^3 + 4x^2 - 2$ para valores de x menores que 0

$\dfrac{3x}{x^2 - 1}$ para valores de x mayores o iguales que 0

Calcular el dominio de una función a trozos es tan sencillo como analizar el dominio de las funciones que la componen por separado y comprobar, en caso de que lo hubiese, si hay algún punto de ausencia de dominio en nuestro intervalo en cuestión. Hagámoslo:

- El dominio de $f(x) = x^3 + 4x^2 - 2$, que se corresponde con nuestra primera función, es igual a todos los números reales $\mathbb{R}$. Esto nos permite de momento despreocuparnos de esta parte de la función.

- El dominio de $f(x) = \dfrac{3x}{x^2 - 1}$, al tratarse de una función racional, tendremos que igualar el denominador a 0 y resolver la ecuación resultante. El dominio de esta función es $\mathbb{R} - \{-1,1\}$. ¡Mucho cuidado! Esta función está definida para valores mayores o iguales que cero, por tanto, la solución de $x = -1$ no nos compete en el intervalo y únicamente tendríamos que tener en cuenta la solución de $x = 1$.

Analizados ambos dominios, podemos afirmar que el dominio de nuestra función a trozos es:

$$f(x) = \begin{cases} x^3 + 4x^2 - 2, & x < 0 \\ \dfrac{3x}{x^2 - 1}, & x \geq 0 \end{cases}$$

$$Dom\ f(x) = \mathbb{R} - \{1\}$$

Ahora que ya sabes la teoría para calcular el dominio de una función a trozos, es el momento de hacer el dominio de funciones a trozos un poco más complejas. Para ello, tienes en el código QR un vídeo con ejemplos más complicados. Si quieres, al empezar el vídeo, apunta el ejemplo en tu cuaderno, hazlo y comprueba viendo el vídeo que lo has hecho bien.

Ahora que eres una persona experta calculando dominios, ha llegado el momento de ponerlo a prueba con ejercicios extraídos de pruebas de acceso a la universidad. Cuando los hagas quiero que te des cuenta de que es algo sencillo y que, si sigues los pasos que hemos visto anteriormente, serás capaz de hacerlo con total solvencia. Al lado de cada ejercicio tienes el código QR para que puedas ver cómo se resuelve.

EJERCICIOS DE PRUEBAS DE ACCESO A LA UNIVERSIDAD RESUELTOS

■ **Aragón 2023. Matemáticas II. Convocatoria ordinaria:**

Dada la siguiente función:

$$f(x) = \frac{2x - 1}{\sqrt{x^2 - x - 2}}$$

a) Estudia y escribe su dominio de definición.

■ **Castilla y León 2023. Matemáticas II. Convocatoria ordinaria:**

E6. (Análisis) Determínese el dominio de definición, de la función

$$f(x) = x(lnx - 1).$$

■ **Cantabria 2023. Matemáticas II. Convocatoria extraordinaria:**

Ejercicio 2

Considere la función $f(x) = \dfrac{x + 1}{x - 2}$

a) Calcule el dominio de definición de $f(x)$.

■ **Comunidad Valenciana 2020. Matemáticas II. Convocatoria extraordinaria:**

Problema 3. Dada la función $f(x) = \dfrac{x}{\sqrt{x^2 - 1}}$, obtener razonadamente, escribiendo todos los pasos del razonamiento utilizado:

a) El dominio de definición de $f(x)$.

De cara a practicar, te recomiendo que hagas los siguientes **ejercicios de repaso**:

Calcula el dominio de las siguientes funciones:

a) $f(x) = 7 - 3x^2$

b) $f(x) = \dfrac{4x - 8}{9 - x^2}$

c) $f(x) = \dfrac{3x + 2}{x^3 - 2x^2 - 5x + 6}$

d) $f(x) = 2 - \dfrac{2x}{x + 1} + \dfrac{1}{x - 2}$

e) $f(x) = e^{\frac{-2}{x^2 - 9}} + 2^{\frac{3x}{x - 2}}$

f) $f(x) = \sqrt[3]{x^2 - 4}$

g) $f(x) = ln\sqrt[3]{x - 2}$

h) $f(x) = \dfrac{1}{\sqrt{x^2 + 2x - 15}}$

i) $f(x) = \dfrac{\ln(49 - x^2)}{x^2 + 2x} - 3$

j) $f(x) = \sqrt{x^2 + x - 2}$

k) $f(x) = \sqrt{2x^2 - x + 3}$

l) $f(x) = \dfrac{\sqrt{32 - 2x^2}}{x}$

m) $f(x) = e^x - 5^{\frac{2x + 1}{x + 1}}$

n) $f(x) = \ln(3x - 27)$

o) $f(x) = \log(x^2 - 81)$

p) $f(x) = sen\sqrt{\dfrac{x}{x^3 - x}}$

q) $f(x) = cos\left(\dfrac{1}{x^2 - 1}\right)$

r) $f(x) = \dfrac{4x - 7}{cosx}$

Encontrarás las soluciones al final del libro.

TOMA AQUÍ TUS NOTAS

2 LÍMITES DE FUNCIONES

Antes de comenzar la parte práctica y dedicarnos a calcular límites, indeterminaciones y sus aplicaciones en el estudio de funciones, es necesario que comprendamos los **conceptos básicos de límites de funciones**.

¿QUÉ ES Y QUÉ SIGNIFICA EL LÍMITE DE UNA FUNCIÓN?

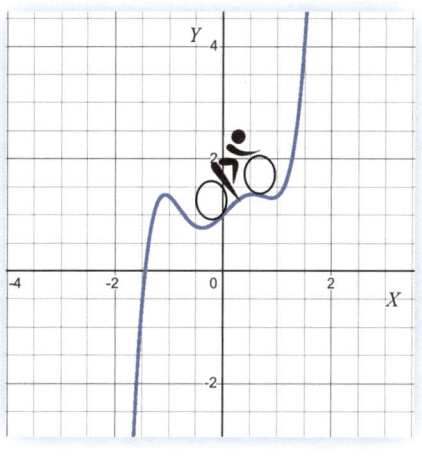

Imagina que estás siguiendo el recorrido de un ciclista mientras realiza una etapa del Tour de Francia a través de una señal GPS y queda dibujado en un mapa. El límite de una función es como el destino final al que ese ciclista se dirige mientras recorre su camino. Te da una idea de hacia dónde se acerca la función a medida que te acercas más y más a un punto específico. Es como si tratáramos de adivinar a dónde lleva la etapa del Tour antes de llegar allí y sin conocer de antemano dónde se encuentra la línea de meta. Los límites nos ayudan a entender cómo se comporta una función cuando nos acercamos cada vez más a ciertos puntos de su recorrido y nos ayuda a entender el comportamiento de la función.

En cualquier caso, el resultado del límite de una función, es el valor que toma la variable y para un determinado valor de x. ¿No te recuerda eso a cuando realizabas una tabla de valores para representar una función? Pues es lo mismo, pero con un toque ligeramente más complejo en cuanto a su expresión. Quédate con la idea de que el resultado del límite siempre será el valor que tomará la variable y para el valor de x que te pidan.

TOMA AQUÍ TUS NOTAS

En este campo de las matemáticas vas a ver que, al valor de x que me indique el límite, me puedo acercar por la derecha, por la izquierda, incluso podemos desplazarnos al infinito. La mejor manera de entender estos conceptos es mediante un ejemplo práctico, pero antes veamos cómo escribimos los diferentes tipos de límites:

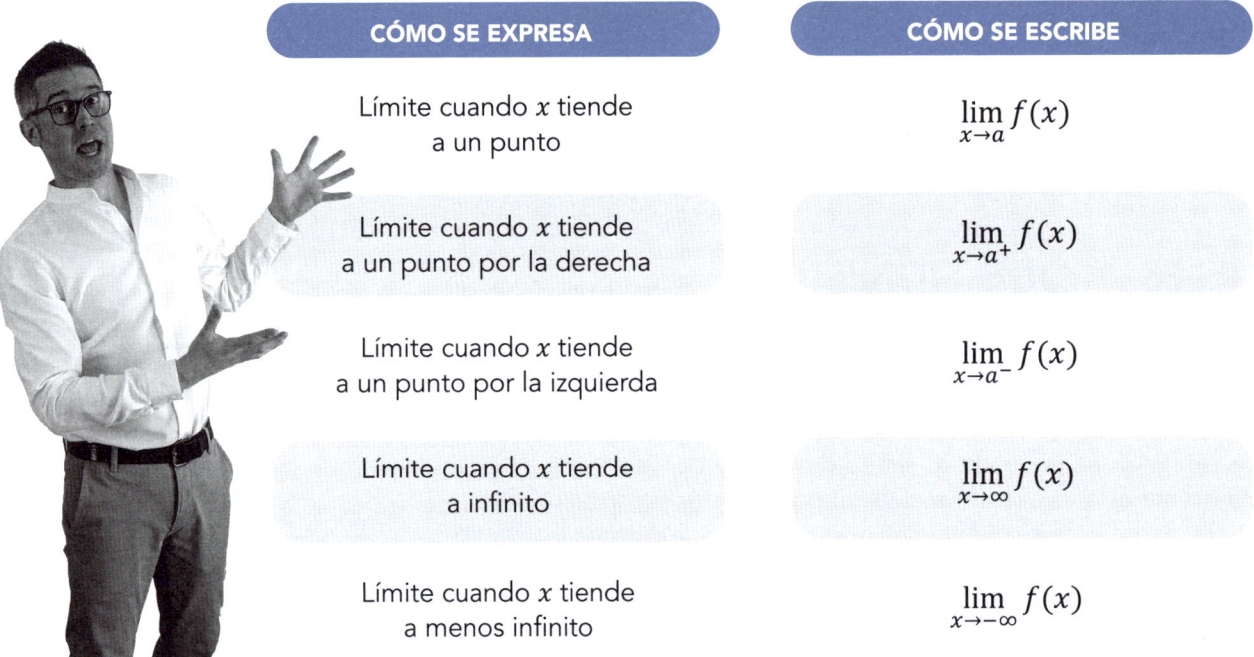

CÓMO SE EXPRESA	CÓMO SE ESCRIBE
Límite cuando x tiende a un punto	$\lim\limits_{x \to a} f(x)$
Límite cuando x tiende a un punto por la derecha	$\lim\limits_{x \to a^+} f(x)$
Límite cuando x tiende a un punto por la izquierda	$\lim\limits_{x \to a^-} f(x)$
Límite cuando x tiende a infinito	$\lim\limits_{x \to \infty} f(x)$
Límite cuando x tiende a menos infinito	$\lim\limits_{x \to -\infty} f(x)$

¿QUÉ SIGNIFICA LA SIGUIENTE EXPRESIÓN?

$$\lim_{x \to a^+} f(x)$$

El límite de una función cuando x tiende a un determinado valor por la derecha, es valor que toma la variable y cuando nos **acercamos** al valor de x desde su derecha, es decir, desde valores ligeramente superiores a él. De una manera más sencilla, es como si pones tu boli en la gráfica de tu función en un valor de x mayor que el que te indica el límite y sigues el trazo de la función hasta que te encuentras en las cercanías del valor de x indicado por el límite. Lo mismo sucede con:

$$\lim_{x \to a^-} f(x)$$

En esta ocasión, lo que haremos es **acercarnos** al valor de x por la izquierda, ya que tiene el menos en el exponente. Es decir, seguiremos el trazo de la función desde valores inferiores al que muestra el límite y nos acercaremos al valor indicado por el límite, desde su izquierda, lo contrario al caso anterior.

Es muy importante recalcar que nos **ACERCAMOS** al valor de x, ya sea por la derecha o por la izquierda, en ningún momento nos alejamos del valor que nos piden.

Por el contrario, tenemos el valor de los límites en el infinito:

$$\lim_{x \to \infty} f(x)$$

Tomamos valores de x muy grandes o, lo que es lo mismo, nos alejamos en el sentido positivo del eje x.

$$\lim_{x \to -\infty} f(x)$$

En esta ocasión nos alejamos hacia la izquierda, es decir, en sentido creciente de los números negativos de nuestro eje x.

La mejor manera de comprender todos estos conceptos es con un ejemplo. En esta ocasión tenemos la siguiente función a trozos:

$$f(x) = \begin{cases} 2x + 4, & x < -2 \\ -x - 1, & -2 \leq x < 1 \\ x^2 - 3, & 1 < x \end{cases}$$

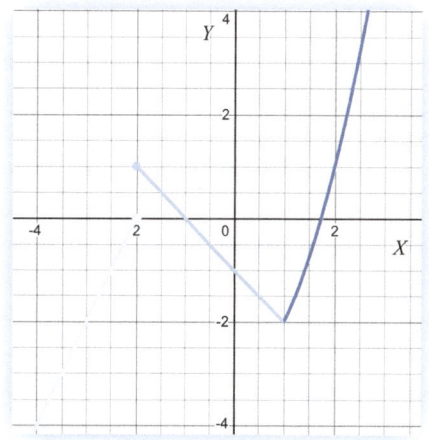

El ejemplo más sencillo que podemos hacer es:

$$\lim_{x \to -1} f(x)$$

Se trata de un límite finito en un punto, es decir, no tenemos que mirar si es por la derecha o por la izquierda ya que el "−1" no tiene ningún signo en el exponente. Para resolver este límite lo único que tenemos que localizar es la función, de las 3 que tenemos, cuyo dominio contempla el valor "−1". El dominio de la segunda función es los valores de x que están comprendidos entre $-2 \leq x < 1$, de tal manera que "−1" está en este intervalo. Una vez que hemos localizado el tramo de la función, lo único que tenemos que hacer es sustituir el valor "−1" en la segunda función, es decir:

$$f(-1) = -(-1) - 1 = 0$$

De este modo:

$$\lim_{x \to -1} f(x) = 0$$

Puedes comprobar observando la gráfica que el valor de y cuando $x = -1$ se corresponde con $y = 0$. Recuerda que el resultado del límite siempre será el valor de y que toma para el valor de x que le indiquemos a la función.

Ahora que ya sabes el límite en un punto finito, es el momento de entender los límites laterales. Si te fijas en la gráfica de la función en $x = -2$, la función tiene una discontinuidad, es decir, debemos levantar el lápiz del papel para continuar su gráfica. Para analizar los límites laterales es muy importante que nos fijemos en el dominio de la función, ya que eso determinará qué función es la que se corresponde con el límite lateral izquierdo o derecho. Hagamos los siguientes límites:

$$\lim_{x \to -2^-} f(x)$$

Al tratarse del límite por la izquierda cuando x tiende a "-2" nos centramos en la primera función, ya que al acercarme a "-2" por la izquierda es la función que tenemos que tomar. Podríamos decir que es la función cuya gráfica está presente para los valores menores de "-2" y, por ello, me tengo que ceñir a su expresión. Una vez hemos localizado la función, únicamente nos queda sustituir el valor "-2" en la función:

$$\lim_{x \to -2^-} = 2(-2) + 4$$

$$\lim_{x \to -2^-} = 0$$

Así de fácil y sencillo.

Veamos ahora el límite de la función cuando x tiende a "-2" por la derecha:

$$\lim_{x \to -2^+} f(x)$$

Se hace exactamente igual que el caso anterior, pero, en esta ocasión, al acercarme al valor "-2" por la derecha, me tengo que fijar en los valores inmediatamente superiores, es decir, encontrar la función que tiene su dominio en los valores comprendidos entre $-2 \leq x < 1$ de nuestra función en concreto. Ahora que ya sabemos cuál es el trozo de la función en la que tenemos que calcular el límite, solo nos queda sustituir el valor "-2" en la función:

$$\lim_{x \to -2^+} = -(-2) - 1$$

$$\lim_{x \to -2^+} = 1$$

Cabe destacar que por mucho que nosotros sepamos que el valor $x = -2^+$ se corresponde con los números inmediatamente superiores como podría ser el $-1,9999$, a la hora de sustituir en el límite lo haremos por el valor que nos indican, el "-2". Lo mismo sucede con el valor $x = -2^-$, no sustituimos por $-2,0001$, sino por el valor "-2".

Cuando el valor de los límites laterales no coincide, como en este caso que tenemos dos valores diferentes, podemos asegurar que la función es discontinua, pero esto lo estudiaremos más adelante en el apartado del estudio de la continuidad de una función. Quiero que sepas que es algo muy importante y que seguiremos utilizando a lo largo del estudio de funciones.

Ahora que ya somos expertos en límites de puntos finitos, nos queda el caso de los límites en el infinito. Este tipo de límite nos dará información sobre la tendencia de la función, es decir, hacia dónde se dirige y cuáles van a ser sus valores en el infinito o en el menos infinito. El resultado de este tipo de límites será siempre una de estas tres posibilidades: $+\infty$, $-\infty$ o un número real. ¿Qué quiero decir con esto? Que siempre tendremos un resultado que ofrecer en este tipo de límites.

Veamos nuestro ejemplo. Empezamos por:

$$\lim_{x \to \infty} f(x)$$

¿Qué quiere decir esta expresión? Es muy sencillo, ¿a qué valor de y se acerca la función cuando x se hace infinitamente grande? Si vamos a nuestro ejemplo, el tramo de la función en el que está comprendido el infinito es el tercer tramo:

$$\lim_{x \to \infty} x^2 - 3$$

Es en este momento cuando pensamos: si a infinito lo elevo al cuadrado y le resto 3, ¿qué me queda? El resultado es infinito por mucho que le reste 3, infinito al cuadrado siempre será una cifra mayor que 3, de tal modo que:

$$\lim_{x \to \infty} x^2 - 3 = +\infty$$

Podemos comprobar en la gráfica que la función, al ser siempre creciente, su límite en el infinito será infinito, ya que al valor de y al que se acerca será, concretamente, infinito.

Finalmente, antes de comenzar con las indeterminaciones, analizamos el límite que nos falta y no es otro que:

$$\lim_{x \to -\infty} f(x)$$

¿Qué significa esta expresión? Muy fácil, ¿a qué valor de y se acerca la función cuando x se hace infinitamente negativa? Ahora nos toca mirar en el lado negativo del eje x. Siendo el tramo de la función a trozos a analizar, el primero de ellos:

$$\lim_{x \to -\infty} 2x + 4$$

Al igual que en el ejemplo anterior, sustituimos la variable x por el valor de menos infinito. Es importante recordar que el signo de $-\infty$ computa a la hora de multiplicar y tenerlo en cuenta en el criterio de los signos. Obteniendo en este caso:

$$\lim_{x \to -\infty} 2(-\infty) + 4$$

El resultado de este límite es $-\infty$, ya que dos por menos infinito se queda menos infinito y, por mucho que le suma 4, siempre será un valor infinitamente negativo, quedando como resultado:

$$\lim_{x \to -\infty} 2x + 4 = -\infty$$

Podemos comprobar en la gráfica de nuestra función a trozos que, a medida que el valor de la x se hace negativo, la función siempre es decreciente tomando la variable y valores infinitamente negativos.

¿CUÁNDO EXISTE EL LÍMITE DE UNA FUNCIÓN EN UN PUNTO?

El límite de una función en un punto no existe siempre. Pueden existir sus límites laterales, pero para que exista el límite de una función en un punto se tiene que dar la siguiente situación:

$$\lim_{x \to a^-} f(x) = \lim_{x \to a^+} f(x) = f(a)$$

En nuestro ejemplo práctico, cuando estudiamos el límite en $x = -1$, se dan las condiciones para que exista el límite, ya que los límites laterales son iguales y coincide con el valor de la función. Por el contrario, en nuestro ejemplo de límite en $x = -2$ existen sus límites laterales, pero no son iguales, lo cual implica que no existe el límite de la función en ese punto. Además, cuando esto sucede la función en cuestión es discontinua, tema que trataremos más adelante en el siguiente capítulo.

Para afianzar estos conceptos básicos sobre los límites de funciones tienes a tu disposición el vídeo del *post-it* de la derecha, en el cual haré un ejercicio similar al que acabamos de ver. Te recomiendo verlo antes de empezar con las indeterminaciones.

Del mismo modo, antes de comenzar con las indeterminaciones, te recomiendo que veas el vídeo del *post-it* de la izquierda; en él, trataré los conceptos básicos de cómo resolver límites en el infinito. Se trata de una teoría que vamos a utilizar mucho en el análisis de funciones.

¿QUÉ ES UNA INDETERMINACIÓN?

Ha llegado el momento de abordar el tema de las indeterminaciones. Cuando a la hora de calcular un límite llegamos a la conclusión de que es "indeterminado", es como si las matemáticas nos estuvieran diciendo: "¡Oye, aquí hay algo raro que necesita ser resuelto!". Pero no te preocupes, es solo un desafío matemático esperando a ser resuelto. Lo bueno es que es sencillo identificar las indeterminaciones y su método de resolución es algo muy fácil. Encontraremos indeterminaciones tanto en los límites en un punto finito como en los límites en el infinito.

INDETERMINACIONES EN LÍMITES DE UNA FUNCIÓN EN UN PUNTO

Encontramos dos casos:

$$\text{Indeterminación } \frac{k}{0}$$

Nos encontramos este tipo de indeterminación en funciones racionales. En cualquier límite que nos propongan, lo primero que tenemos que hacer es sustituir el valor que nos indica el límite en la función y comprobar qué resultado nos ofrece. Si el resultado que obtenemos es $\frac{k}{0}$, siendo k cualquier valor distinto de cero, tenemos frente a nosotros una indeterminación.

Hasta el momento siempre nos han dicho que cualquier número dividido por cero no existe.

$$\frac{k}{0} = \nexists$$

Bien, pues en el campo de los límites de funciones podemos obtener un resultado de esta división y, por tanto, tiene solución. El valor resultante de este tipo de indeterminación siempre será $-\infty$ o $+\infty$. Cuando nos encontremos con esta indeterminación, inmediatamente tenemos que pensar y realizar los límites laterales del valor de "x" que nos indiquen en el límite. El signo que le corresponda al infinito vendrá determinado por el resultado de la división, siendo $+\infty$ cuando el cociente sea positivo y $-\infty$ cuando el resultado de la división sea negativo.

Este tipo de indeterminación tiene una aplicación muy importante en el cálculo de asíntotas verticales de una función. El cálculo de asíntotas lo abordaremos más adelante; por lo tanto, te aconsejo que domines esta indeterminación antes de avanzar a ese punto en el libro.

La mejor manera de aprender este tipo de indeterminación es con un ejemplo práctico:

$$\lim_{x \to 1} \frac{x + 2}{x^2 - 1}$$

El primer paso que tenemos que hacer es sustituir el valor de $x = 1$ en la función:

$$\lim_{x \to 1} \frac{1 + 2}{1^2 - 1} = \frac{3}{0} \quad \textbf{ind!}$$

Al resultar $\frac{3}{0}$, identificamos la indeterminación y procedemos a encontrar su solución. Para resolverla, realizamos los límites laterales de 1:

$$\lim_{x \to 1} \frac{1 + 2}{1^2 - 1} = \begin{cases} \lim_{x \to 1^-} \frac{(1^-) + 2}{(1^-)^2 - 1} = \frac{+}{-} = -\infty \\ \\ \\ \lim_{x \to 1^+} \frac{(1^+) + 2}{(1^+)^2 - 1} = \frac{+}{+} = +\infty \end{cases}$$

Quiero que te des cuenta de que, en la resolución de este tipo de límite, lo único que nos importa es el signo que resulta al final del cociente, que será el que nos indique si la función tienda a más infinito o a menos infinito.

A la hora de realizar los límites laterales quizás te ayude cuando sustituyas en la función si piensas que 1^- es aproximadamente 0,999 y 1^+ es 1,001. Si aun así te cuesta determinar el signo que resulta del cociente y por tanto el signo que llevará el infinito, en el *post-it* te explico un truco para que lo hagas con la calculadora y así nunca falles.

TOMA AQUÍ TUS NOTAS

Indeterminación $\dfrac{0}{0}$

La segunda y última indeterminación que vamos a encontrar en límites que tienden a un punto es la indeterminación $\frac{0}{0}$. Como en el caso anterior, lo primero que tenemos que hacer es sustituir el valor que pidan en el límite. Una vez llegamos al resultado $\frac{0}{0}$, lo único que tenemos que hacer es factorizar el numerador y el denominador en busca del valor que podamos cancelar y por tanto está creando la indeterminación.

Para factorizar los polinomios que componen tanto el numerador como el denominador, es necesario que en ocasiones tengamos que recurrir a la regla de Ruffini. En caso de que necesites un repaso de cómo proceder, en el código QR del *post-it* te explico cómo hacerlo y un truco que nunca falla para ahorrarte tiempo y factorices sin perder tiempo.

La forma más efectiva de comprender esta indeterminación es mediante un ejemplo práctico:

$$\lim_{x \to 1} \frac{x - 1}{x^2 - 1}$$

Lo primero es sustituir:

$$\lim_{x \to 1} \frac{1 - 1}{1^2 - 1} = \frac{0}{0} \quad \textbf{\textit{ind}!}$$

Una vez que tenemos identificada la indeterminación, factorizamos tanto numerador (que en este caso ya estaría factorizado) como denominador:

$$\lim_{x \to 1} \frac{(x - 1)}{(x - 1)(x + 1)}$$

Al factorizar podemos comprobar que el factor $(x - 1)$ se repite tanto en numerador como denominador, lo que nos permite cancelarlo:

$$\lim_{x \to 1} \frac{\cancel{(x - 1)}}{\cancel{(x - 1)}(x + 1)} \to \lim_{x \to 1} \frac{1}{(x + 1)} = \frac{1}{2}$$

Mucho cuidado, en el caso de que se cancele todo el numerador y tachemos todos los términos, como en este caso, tenemos que dejar un "1" en el numerador. Si, por el contrario, se cancelan y se tachan todos los términos del denominador, podemos obviar poner el "1" en el denominador, ya que al dividir entre "1", es como no hacer nada.

Cabe mencionar que este tipo de indeterminación, una vez resuelta, nos puede resultar que nos conduzca a otra indeterminación del tipo $\frac{k}{0}$. Es bastante común que una determinación nos conduzca a otra. Para profundizar este concepto lo mejor es que veas el vídeo del *post-it*; en él repasamos la indeterminación $\frac{0}{0}$ y vemos un caso en el que nos conduce a una indeterminación $\frac{k}{0}$.

Más adelante, veremos que hay determinados límites cuya indeterminación es $\frac{0}{0}$, pero, al intentar factorizar, no podemos por la naturaleza de la función. Para poder resolverlos, es necesario utilizar la regla de L'Hôpital. Este método de resolución de indeterminaciones se trata más adelante en el libro, una vez sepamos derivar a la perfección, ya que las necesitamos para poder resolver la indeterminación.

INDETERMINACIONES EN LÍMITES DE UNA FUNCIÓN EN EL INFINITO

Ha llegado el momento de embarcarnos en un viaje a lo grande, hacia un lugar donde las funciones pueden ir más allá de lo que nuestros números normales pueden abarcar. Concretamente estudiaremos el comportamiento de las funciones cuando se acercan al infinito, ya sea positivo o negativo. Suena como algo sacado de una película de ciencia ficción, ¿verdad? No te preocupes, no necesitas una capa de superhéroe para entender esto, solo un poco de curiosidad y tus habilidades matemáticas.

Antes de comenzar con las indeterminaciones, es necesario que estudiemos y comprendamos el concepto de límite de una función tanto en el infinito positivo como en el menos infinito.

El concepto de límite en el infinito positivo también está relacionado con la tendencia, es decir, ¿qué valores toma la función cuando la variable x se hace muy grande? Veámoslo con la función $f(x) = e^x$.

A medida que el valor que toma la variable x se hace más y más grande, el valor que resulta de la variable y es muy grande también. En una ecuación exponencial, a medida que los valores de x se hacen más grandes, el resultado de la operación es muy grande también. De este modo podemos asegurar que:

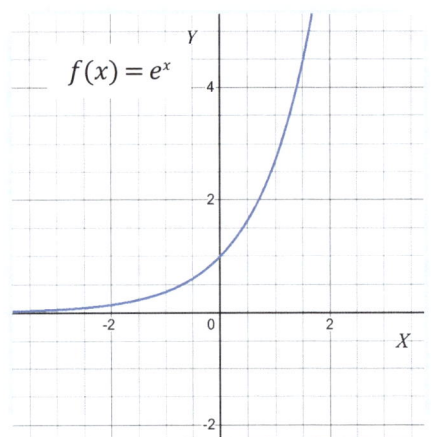

$$\lim_{x \to +\infty} e^x = +\infty$$

En el código QR encontrarás una explicación del límite:

$$\lim_{x \to -\infty} e^x$$

Te aconsejo que lo veas, es sencillo, pero tiene truco.

Cuando nos encontramos frente a una función polinómica y nos mandan calcular los límites en el infinito, ya sea en el positivo como en el negativo, por muchos términos que tenga el polinomio de nuestra función lo único que nos va a servir para determinar el límite es el término del polinomio de mayor exponente.

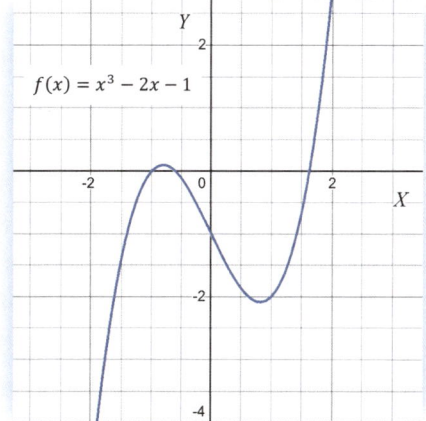

Veamos dos ejemplos de límites diferentes en la función $f(x) = x^3 - 2x - 1$.

En primer lugar, analizamos y calculamos el límite cuando x tiende a valores positivos del infinito:

$$\lim_{x \to +\infty} x^3 - 2x - 1 \approx \lim_{x \to +\infty} x^3 = (+\infty)^3 = +\infty$$

Como puedes comprobar, únicamente nos importa el término del polinomio de mayor exponente, el x^3 y, tras sustituir el valor de infinito en él, infinito elevado al cubo, es infinito. Podemos comprobar en la gráfica que la tendencia es exactamente la que hemos calculado con nuestro límite.

¿Qué pasa cuando calculamos el límite cuando los valores de x tienden a menos infinito?

$$\lim_{x \to -\infty} x^3 - 2x - 1$$

En cuanto al procedimiento se hace exactamente igual:

$$\lim_{x \to -\infty} x^3 - 2x - 1 \approx \lim_{x \to -\infty} x^3 = (-\infty)^3 = -\infty$$

La clave para no errar este tipo de límite es tener en cuenta el signo del límite, ya que cualquier valor de x que tenga un signo negativo y lo elevamos a un número impar, siempre nos dará un resultado negativo. Mucho cuidado con este tipo de límites.

Del mismo modo, si tenemos el siguiente límite:

$$\lim_{x \to +\infty} -x^2 + 9x - 7$$

Tenemos que tener en cuenta la jerarquía de las operaciones, siendo en este caso que realizaremos antes el cálculo de la potencia que la resta que tiene delante el término de mayor exponente, resultando el límite de la siguiente manera:

$$\lim_{x \to +\infty} -x^2 + 9x - 7 \approx \lim_{x \to +\infty} -x^2 = -(+\infty)^2 = -\infty$$

Ya estamos en condiciones de empezar con las indeterminaciones que nos van a resultar en los límites cuando la función tiende a infinito.

La primera de ellas es **Indeterminación** $\dfrac{\infty}{\infty}$.

Antes de nada, quiero que entiendas este tipo de indeterminación con un ejemplo. Imagina que vas a una competición de comer perritos calientes. Hay infinitos perritos calientes e infinitas personas hambrientas. ¿Quién ganará? ¿Cómo hacemos ese cálculo? ¡Aquí es donde entran en juego las matemáticas y la resolución de la indeterminación! Básicamente lo que vamos a hacer es determinar: ¿quién es mayor?, ¿numerador o denominador?

La expresión general de este tipo de límite es:

$$\lim_{x\to\infty}\frac{g(x)}{h(x)}=\frac{\infty}{\infty} \quad \textbf{ind!}$$

En esta primera toma de contacto con esta indeterminación particular, nos enfocaremos en la situación donde $g(x)$ y $f(x)$ son polinomios. Se trata de una indeterminación muy sencilla de resolver y su resultado dependerá del grado de los polinomios que forman los polinomios. Únicamente nos vamos a fijar en el monomio de mayor grado, tanto del numerador como del denominador. De esta manera solo vamos a tener 3 posibles soluciones a esta indeterminación en función de dónde se encuentra al monomio de mayor grado. Siendo la solución a la indeterminación la siguiente:

$$\lim_{x\to\infty}\frac{g(x)}{h(x)}=\begin{cases} \pm\infty \ cuando \ el \ grado \ de \ g(x)>h(x) \\[2em] 0 \ si \ el \ grado \ de \ h(x)>g(x) \\[2em] \dfrac{a}{b} \ cuando \ el \ grado \ de \ g(x)=h(x) \end{cases}$$

TOMA AQUÍ TUS NOTAS

Veamos 4 ejemplos prácticos de este tipo de indeterminación:

$$\lim_{x\to\infty} \frac{4x^2 + 2x - 1}{x - 1} \approx \lim_{x\to\infty} \frac{4x^2}{x} = +\infty$$

El grado del numerador es mayor y el resultado del cociente es positivo, por ello, el resultado es $+\infty$.

$$\lim_{x\to-\infty} \frac{2x^2 - x + 2}{x + 2} \approx \lim_{x\to-\infty} \frac{2x^2}{x} = -\infty$$

En este caso, el grado del numerador es mayor y el resultado del cociente es negativo $\frac{(+)}{(-)}$, por ello, el resultado es $-\infty$.

$$\lim_{x\to+\infty} \frac{4x + 5}{x^3 + 1} = 0$$

Siempre que el grado del denominador sea mayor que el del numerador, el resultado de la indeterminación será 0, independientemente del signo del infinito.

$$\lim_{x\to\infty} \frac{4x^4 + 8x + 7}{3x^4 + x + 2} \approx \lim_{x\to-\infty} \frac{4x^4}{3x^4} = \frac{4}{3}$$

Cuando nos encontremos con que los grados de ambos polinomios son iguales, el resultado de la indeterminación es el cociente de los coeficientes principales de ambos polinomios.

Este tipo de indeterminación tiene otro método más laborioso de resolución que consiste en dividir todos los monomios, de ambos polinomios, por la potencia que tenga mayor exponente de ambos polinomios. Vemos un ejemplo:

$$\lim_{x\to+\infty} \frac{4x^2 + 5}{x^3 + 1} = \lim_{x\to+\infty} \frac{\dfrac{4x^2}{x^3} + \dfrac{5}{x^3}}{\dfrac{x^3}{x^3} + \dfrac{1}{x^3}}$$

Por cada fracción que nos ha quedado, resolvemos el límite cuando $x \to +\infty$ utilizando los criterios que hemos aprendido anteriormente:

$$\lim_{x\to+\infty} \frac{\dfrac{4x^2}{x^3} + \dfrac{5}{x^3}}{\dfrac{x^3}{x^3} + \dfrac{1}{x^3}} = \frac{0 + 0}{1 + 0} = \frac{0}{1} = 0$$

Para afianzar los conceptos y seguir practicando este tipo de indeterminación, tienes en el código un QR con más ejemplos prácticos. En el vídeo haré un ejemplo de cada tipo para que te conviertas en una persona experta en la resolución de este tipo de límite.

Ha llegado el momento de analizar cómo resolver la **indeterminación** $\infty - \infty$. Al igual que en el ejemplo anterior, nos encontramos en la tesitura de determinar ¿qué infinito es mayor? y, para ello, tengo que indicarte que hay dos tipos de funciones que nos encontraremos con este tipo de indeterminación.

En primer lugar, puede ser que tengamos una función que conste de una resta de dos funciones racionales o una función racional y una polinómica. En ambos casos, lo único que tenemos que hacer es operar esa resta de fracciones algebraicas y resolver el límite con indeterminación $\frac{\infty}{\infty}$ que nos resulte tras la resta.

A veces, cuando nos toca hacer una suma o resta de fracciones algebraicas, se nos complica la labor de calcular el mínimo común múltiplo del denominador. En el vídeo del código QR te explico cómo calcularlo de un modo muy sencillo por si necesitas repasar este procedimiento para resolver la indeterminación.

La mejor manera es poner en práctica un límite de cada tipo:

$$\lim_{x \to \infty} x - \frac{x^3 - 2}{x^2} = \infty - \infty \quad \mathbf{ind!}$$

$$\lim_{x \to \infty} x - \frac{x^3 - 2}{x^2} = \lim_{x \to \infty} \frac{x \cdot x^2}{x^2} - \frac{x^3 - 2}{x^2} =$$

$$= \lim_{x \to \infty} \frac{x^3 - x^3 + 2}{x^2} = \lim_{x \to \infty} \frac{2}{x^2} = 0$$

¡Mucho cuidado! El menos que va delante de la segunda fracción cambia el signo de todo el numerador.

$$\lim_{x \to \infty} \frac{x^2 + 1}{x - 1} - \frac{x}{2} = \infty - \infty$$

$$\lim_{x \to \infty} \frac{x^2 + 1}{x - 1} - \frac{x}{2} = \lim_{x \to \infty} \frac{2 \cdot (x^2 + 1)}{2 \cdot (x - 1)} - \frac{x \cdot (x - 1)}{2 \cdot (x - 1)} =$$

$$= \lim_{x \to \infty} \frac{2x^2 + 2 - x^2 + x}{2x - 2} = \lim_{x \to \infty} \frac{x^2 + x + 2}{2x - 2} = +\infty$$

En segundo lugar, puede que nos encontremos que en la indeterminación entran en juego raíces cuadradas. En esta ocasión, para resolver la indeterminación vamos a hacer uso de un producto notable, concretamente el siguiente:

$$(a + b) \cdot (a - b) = a^2 - b^2$$

Ya que resolveremos este tipo de indeterminación multiplicando tanto numerador como denominador por el conjugado. ¿Qué es el conjugado? Muy sencillo:

Si tenemos una expresión genérica del tipo $(a + b)$, su conjugado será $(a - b)$, es decir, la misma expresión, pero con el signo que las relaciona cambiado. De este modo, el conjugado de $(a - b)$ es $(a + b)$. La mejor manera de comprender este tipo de indeterminación es resolviendo un límite:

$$\lim_{x \to \infty} \sqrt{2x^2 + 3} - \sqrt{2x^2 + 2x} = \infty - \infty \quad \textbf{\textit{ind}!}$$

$$\lim_{x \to \infty} \sqrt{2x^2 + 3} - \sqrt{2x^2 + 2x} =$$

$$= \lim_{x \to \infty} \frac{(\sqrt{2x^2 + 3} - \sqrt{2x^2 + 2x})(\sqrt{2x^2 + 3} + \sqrt{2x^2 + 2x})}{\sqrt{2x^2 + 3} + \sqrt{2x^2 + 2x}} =$$

$$= \lim_{x \to \infty} \frac{(\sqrt{2x^2 + 3})^2 - (\sqrt{2x^2 + 2x})^2}{\sqrt{2x^2 + 3} + \sqrt{2x^2 + 2x}} =$$

$$= \lim_{x \to \infty} \frac{2x^2 + 3 - (2x^2 + 2x)}{\sqrt{2x^2 + 3} + \sqrt{2x^2 + 2x}} = \lim_{x \to \infty} \frac{2x^2 + 3 - 2x^2 - 2x}{\sqrt{2x^2 + 3} + \sqrt{2x^2 + 2x}} =$$

$$= \lim_{x \to \infty} \frac{-2x + 3}{\sqrt{2x^2 + 3} + \sqrt{2x^2 + 2x}} \approx \lim_{x \to \infty} \frac{-2x}{\sqrt{2x^2} + \sqrt{2x^2}} \approx \lim_{x \to \infty} \frac{-2x}{\sqrt{2}\, x + \sqrt{2}x} =$$

$$\lim_{x \to \infty} \frac{-2x}{2\sqrt{2}\, x} = \frac{-2}{2\sqrt{2}} = \frac{-\sqrt{2}}{2}$$

Finalizar este tipo de límite supone que únicamente nos van a importar aquellos términos del numerador y denominador con un monomio de mayor grado, de ahí que se simplifique. De todos modos, es posible que este tipo de límite se comprenda mejor con un vídeo, por lo que tienes uno en el QR con un ejemplo de cada tipo.

Por último, en lo que respecta a límites con indeterminación en el infinito, tenemos la **Indeterminación** 1^{∞}, que para muchos es la más temida, pero en realidad es una de las indeterminaciones más sencilla de calcular. También se les conoce como las indeterminaciones del número "e". La clave para resolver esta indeterminación es recordar la fórmula que utilizaremos para obtener el resultado final.

Esta indeterminación la encontraremos en funciones del tipo:

$$\lim_{x\to\infty} f(x)^{g(x)} = 1^{\infty} \quad \textbf{ind}\textcolor{blue}{!}$$

Y se resuelve utilizando la siguiente expresión:

$$e^{\lim\limits_{x\to\infty} g(x)\cdot(f(x)-1)}$$

Veamos un ejemplo:

$$\lim_{x\to\infty}\left(\frac{2x^2-1}{2x^2-x+1}\right)^{3x-2} = 1^{\infty}$$

$$e^{\lim\limits_{x\to\infty}(3x-2)\cdot\left(\frac{2x^2-1}{2x^2-x+1}-1\right)} = e^{\lim\limits_{x\to\infty}(3x-2)\cdot\left(\frac{2x^2-1-2x^2+x-1}{2x^2-x+1}\right)} =$$

$$= e^{\lim\limits_{x\to\infty}(3x-2)\cdot\left(\frac{x-2}{2x^2-x+1}\right)} = e^{\lim\limits_{x\to\infty}\left(\frac{3x^2-8x+4}{2x^2-x+1}\right)} =$$

$$e^{\frac{3}{2}} = \sqrt{e^3}$$

En el código QR tienes a tu disposición un vídeo en el que te explico otro ejemplo de este tipo de límite y te enseño un truco para que la resolución se haga mucho más sencilla.

TOMA AQUÍ TUS NOTAS

EJERCICIOS DE PRUEBA DE ACCESO A LA UNIVERSIDAD RESUELTOS

- **Región de Murcia 2023. Matemáticas II. Convocatoria ordinaria:**

  Calcule los siguientes límites:

  b) $\lim_{x \to 0} \dfrac{\sqrt{9+x} - \sqrt{9-x}}{3x}$

- **Cataluña 2023. Matemáticas aplicadas a las CC. SS. Convocatoria ordinaria:**

  4. El número de nuevas personas infectadas por una enfermedad, en miles, es dado por la siguiente función:

  $$f(t) = \frac{30t}{t^2 - 2t + 4}, \quad t \geq 0$$

  en el que t representa el tiempo transcurrido, en semanas, desde que se inició la infección. ¿Cuántos enfermos se infectarán en la semana 1 y cuántos en la semana 2? Podemos pensar que, a largo plazo, ¿esta infección desaparecerá?

- **La Rioja 2022. Matemáticas II. Convocatoria ordinaria:**

  Ejercicio 3:

  Determina, si existe, el valor de a de tal manera que:

  $$\lim_{x \to +\infty} \left(\sqrt{9x^2 + ax + 1} - (3x - 1) \right) = 2$$

- **Comunidad Valenciana 2019. Matemáticas II. Convocatoria extraordinaria:**

  Sea la función:

  $$h(x) = \frac{x^3 + x^2 + 5x - 3}{x^2 + 2x + 5}$$

  Calcular:

  $$\lim_{x \to \infty} f(x) \quad y \quad \lim_{x \to 0} f(x)$$

De cara a practicar te recomiendo que hagas los siguientes **ejercicios de repaso**:

1. Calcula los siguientes límites:

$$\lim_{x \to 2} x^2 - 3$$

$$\lim_{x \to 3} \frac{2x}{x^2 - 9}$$

$$\lim_{x \to 1} \frac{2x}{x - 1}$$

$$\lim_{x \to 1} \frac{x^2 + 2x - 3}{x^2 - 2x + 1}$$

$$\lim_{x \to \infty} \frac{3x + 1}{x^2 + 3}$$

$$\lim_{x \to \infty} \frac{5x^2 + 3}{x^2 - 1}$$

$$\lim_{x \to \infty} \frac{-7x^3 + 2x}{x + 5}$$

$$\lim_{x \to -\infty} \frac{x^3 + 3}{-2x}$$

$$\lim_{x \to -\infty} \frac{x^2 + 4}{x - 3}$$

$$\lim_{x \to -\infty} \frac{e^x}{x^2}$$

$$\lim_{x \to \infty} \left(\frac{3x^2 + 1}{3x^2 - 2x} \right)^{2x - 1}$$

$$\lim_{x \to 1} \frac{\sqrt{x + 3} - \sqrt{3}}{x - 1}$$

$$\lim_{x \to \infty} \sqrt{x + 3} - \sqrt{2x - 5}$$

$$\lim_{x \to \infty} \log x + 4x^2$$

$$\lim_{x \to \infty} \sqrt{x^2 + 2x} - x$$

$$\lim_{x \to \infty} \sqrt{x^2 + x} - \sqrt{x^2 - x}$$

2. Determina, si existe, el valor de a de tal manera que:

$$\lim_{x \to +\infty} \left(\sqrt{4x^2 + ax} - (2x - 3) \right) = 5$$

$$\lim_{x \to +\infty} \left(\frac{3x^3 + 2x - 1}{ax^4 - 3x^3 + 2} \right) = -1$$

$$\lim_{x \to +\infty} \left(\frac{6x^2 + x - 3}{ax^2 + 7} \right) = -\frac{1}{3}$$

3 CONTINUIDAD DE UNA FUNCIÓN

¿Alguna vez has visto una carrera de Fórmula 1? ¿Te has fijado en lo mucho que cuidan el asfalto y el trazado de cada vuelta? El estado del circuito debe ser impecable para que la carrera transcurra sin incidentes. Bien, si llevamos este símil al estudio de la continuidad de una función, lo que vamos a hacer es comprobar el estado del circuito que recorre nuestra función y comprobar la existencia de puntos de nuestra pista matemática en la que encontremos saltos, baches o imperfecciones del trazado.

De un modo intuitivo y sencillo, podríamos decir que una función es continua si podemos trazar su gráfica sin tener que levantar el lápiz del papel. Analíticamente, podemos asegurar que una función es continua en un punto "c" si cumple las siguientes condiciones:

■ La función está definida en el punto "c" que nos indican.

■ Existen los límites laterales en el punto "c" y coinciden entre ellos.

$$f(c) = \lim_{x \to c^-} f(x) = \lim_{x \to c^+} f(x)$$

■ El valor de la función es igual al valor de los límites laterales.

Pongámoslo a prueba estudiando la continuidad de la función $f(x) = x^2 + 1$ en $x = 1$:

■ $f(1) = 1^2 + 1 = 2$

■ $\lim_{x \to 1^-} x^2 + 1 = 1^2 + 1 = 2$

■ $\lim_{x \to 1^+} x^2 + 1 = 1^2 + 1 = 2$

Podemos asegurar que $f(x)$ es continua en $x = 1$, ya que cumple las condiciones de continuidad:

$$f(1) = \lim_{x \to 1^-} f(x) = \lim_{x \to 1^+} f(x)$$

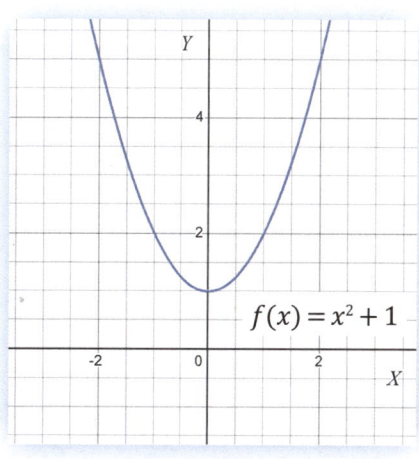

$$f(x) = x^2 + 1$$

Por regla general, las funciones son continuas en la práctica totalidad de su dominio, por lo que nos centraremos en encontrar los puntos singulares en los que podamos tener discontinuidades y estudiar el tipo de discontinuidad que presentan. Es fácil determinar los puntos en lo que la función no es continua, ya que los hallaremos en los puntos donde no existe el dominio de la función y en los puntos donde cambia la función en una función a trozos.

En lo que a **tipos de discontinuidad** se refiere tenemos dos: discontinuidad evitable y discontinuidad inevitable.

La **discontinuidad evitable** en una función la encontramos cuando existen los límites laterales, son iguales, pero el valor de la función en ese punto no coincide con el valor del límite, es decir:

$$\lim_{x \to c^-} f(x) = \lim_{x \to c^+} f(x) \neq f(c)$$

La función que tenemos graficada es la siguiente:

$$f(x) = \begin{cases} x^2 \ si \ x \neq 1 \\ 2 \ \ si \ x = 1 \end{cases}$$

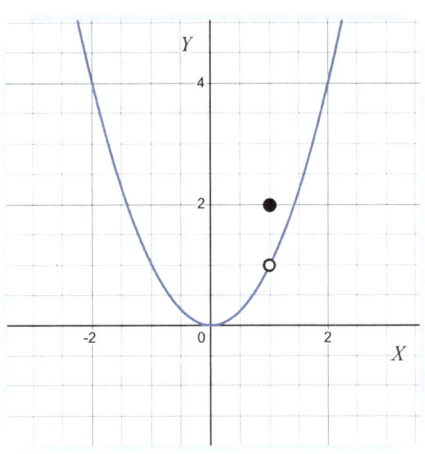

Se comprueba que cumple con los requisitos de este tipo de discontinuidad en $x = 1$. Existen los límites laterales en $x = 1$, pero el valor de la función es diferente en este punto. Tendríamos el punto desplazado. La función sería continua en el resto de su dominio, pero en $x = 1$ presenta una discontinuidad evitable.

Este tipo de discontinuidad también la encontramos en este tipo de funciones:

$$f(x) = x^3 - 2 \ si \ x \neq 1$$

En este caso, los límites laterales en $x = 1$ existen y son iguales, pero no tenemos definida la función en $x = 1$, lo que hace que se cumpla la condición de discontinuidad evitable como muestra la gráfica.

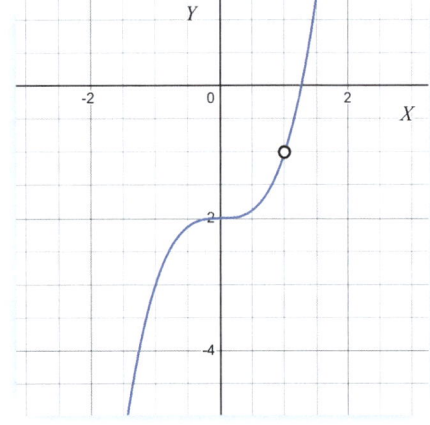

TOMA AQUÍ TUS NOTAS

En el apartado de discontinuidades inevitables hay varios tipos. Empezaremos por la **discontinuidad inevitable de salto finito.** Como su nombre dice, la función va a presentar un salto y lo podemos medir. Encontraremos este tipo de discontinuidad en funciones a trozos y la condición es que ambos límites laterales existen, pero no son iguales:

$$\lim_{x \to c^-} f(x) = a$$

$$\lim_{x \to c^+} f(x) = b$$

$$\lim_{x \to c^+} f(x) \neq \lim_{x \to c^-} f(x)$$

Veamos un ejemplo:

$$f(x) = \begin{cases} x^2 \; si \; x < 1 \\ x + 2 \;\; si \; 1 \leq x \end{cases}$$

$$\lim_{x \to 1^-} f(x) = 1^2 = 1$$

$$\lim_{x \to 1^+} f(x) = 1 + 2 = 3$$

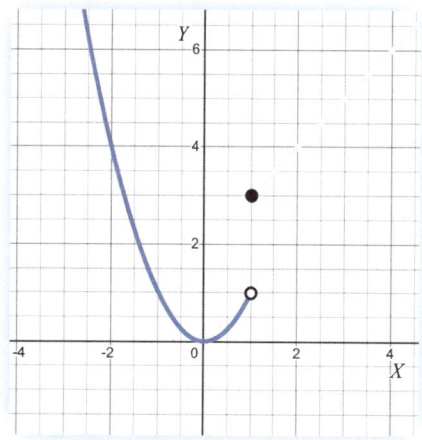

Existen ambos límites laterales, pero no coinciden, por lo que podemos asegurar que la función presenta una discontinuidad inevitable de salto finito. Podemos medir la longitud del salto que presenta la función en el punto de $x = 1$, que es de 2 unidades; lo calculamos restando el valor de ambos límites laterales. En este caso, hemos analizado la continuidad de una función a trozos de un modo muy simplificado únicamente para presentar el tipo de discontinuidad. Más adelante, en el libro trataremos con detalle la continuidad de una función a trozos.

Por último, tenemos la **discontinuidad inevitable de salto infinito** o también conocida como discontinuidad asintótica. En esta ocasión, lo que determina que la función presente este tipo de discontinuidad es que al menos uno de los límites laterales tenga como resultado infinito o menos infinito. Por regla general, como su segundo nombre indica, este tipo de discontinuidad está asociada a las asíntotas verticales de la función.

$$f(x) = \begin{cases} -x + 4 \; si \; x \leq 2 \\ \dfrac{1}{x - 2} \;\; si \; 2 < x \end{cases}$$

$$\lim_{x \to 2^-} f(x) = -2 + 4 = 2$$

$$\lim_{x \to 2^+} f(x) = \frac{1}{2 - 2} = +\infty$$

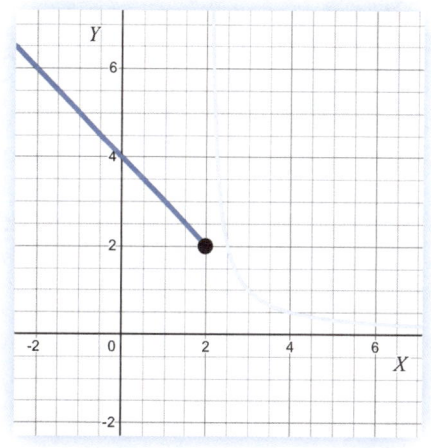

Como has podido comprobar en el comienzo de este capítulo del libro, el estudio de la continuidad de una función está muy relacionada con las funciones a trozos. Por regla general, este tipo de análisis de **continuidad de funciones a trozos** suele estar presente en la práctica totalidad de los exámenes, tanto en los de tus clases como los de acceso a la universidad. Se trata de una labor muy sencilla en la que tenemos que prestar mucha atención a los intervalos en los que está definida la función para calcular los límites laterales.

Veamos un ejemplo:

$$f(x) = \begin{cases} x + 4 & si \ x \leq -1 \\ x^2 + 1 & si -1 < x \leq 2 \\ \dfrac{-1}{x-2} + 5 & si \ 2 < x \end{cases}$$

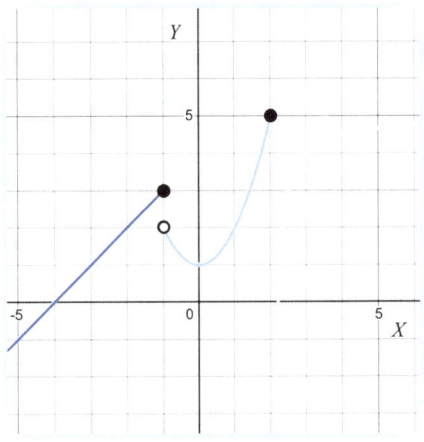

Lo primero que tenemos que hacer es analizar el dominio de las 3 funciones independientemente. El dominio de la primera función y de la segunda se corresponde con todos los números reales $\mathbb{R}$ al tratarse ambas de funciones polinómicas. En cuanto a la tercera función, su dominio será todos los números reales a excepción de $x = 2$. Como coincide con uno de los valores umbrales de la función a trozos, dejamos su análisis para más adelante.

El truco y la clave para resolver este ejercicio es fijarnos en la parte en la que encontramos los intervalos para los que está definido cada trozo de la función. Es ahí donde vamos a encontrar los valores de x en los que tenemos que hacer los límites laterales. En nuestro ejemplo, tenemos que estudiar los límites laterales tanto en $x = -1$ como en $x = 2$, ya que son esos valores los que definen dónde empieza y acaba cada trozo de la función. Bien, ahora ha llegado el momento de determinar qué función es aquella que está relacionada con el límite lateral izquierdo y cuál es la que está definida en el límite lateral derecho.

La primera función está definida para los valores de "x menores o iguales a -1", es decir, los valores inmediatamente menores, lo que implica que la primera función está a la izquierda de "-1", siendo el límite lateral que tenemos que estudiar en "$x = -1$" por la izquierda el que corresponde con la función $f(x) = x + 4$. Por el contrario, los valores de x inmediatamente mayores a "-1" los encontramos en la segunda función y será esta, por tanto, en la que estudiaremos el límite en $x = -1$ por la derecha:

$$\lim_{x \to -1^-} x + 4 = -1 + 4 = 3$$

$$\lim_{x \to -1^+} x^2 + 1 = (-1)^2 + 1 = 2$$

A la vista de los resultados, puesto que existen ambos límites pero sus valores no son iguales, podemos afirmar que la función en $x = -1$ presenta una discontinuidad de salto finito.

Para terminar el estudio de la continuidad de la función, ya solo nos queda estudiar qué sucede en el punto $x = 2$, de tal manera que analizamos sus límites laterales prestando mucha atención a qué función corresponde cada límite lateral siguiendo el mismo criterio que los límites laterales anteriores:

$$\lim_{x \to 2^-} x^2 + 1 = (2)^2 + 1 = 5$$

$$\lim_{x \to 2^+} \frac{-1}{x-2} + 5 = \lim_{x \to 2^+} \frac{-1}{x-2} + \frac{5 \cdot (x-2)}{x-2} =$$

$$\lim_{x \to 2^+} \frac{5x - 11}{x - 2} = \frac{-1}{0} \quad \textbf{\textit{ind}}\textbf{!}$$

$$\lim_{x \to 2^+} \frac{5x - 11}{x - 2} = \frac{-}{+} = -\infty$$

Es bastante común que, como en este caso, a la hora de realizar los límites laterales nos topemos con indeterminaciones, que tendremos que resolver para determinar el tipo de discontinuidad. En esta ocasión, ambos límites no coinciden y al ser uno de ellos un límite que tiende a menos infinito, podemos asegurar que la discontinuidad en $x = 2$ es de una discontinuidad inevitable de salto infinito.

Para comprender y afianzar los conocimientos relacionados con tipos de discontinuidad y continuidad de funciones a trozos, te animo a que veas el vídeo del código QR. Se trata de un ejercicio de mayor dificultad con casos puntuales donde hay que estar atento a todo lo aprendido hasta el momento. Si tienes dudas, déjamelas en los comentarios del vídeo y te las resolveré respondiendo tu pregunta.

El siguiente desafío en lo que a dificultad se refiere sería estudiar la **continuidad de una función en función de un parámetro**. Es decir, en una de las funciones que componen la función a trozos nos encontraremos un parámetro como puede ser la letra "a" o cualquier otro carácter y nos pedirán que estudiemos la continuidad en función de los valores que tome ese parámetro genérico. En cuanto al procedimiento, es el mismo que hemos visto hasta el momento, tendremos que realizar los límites laterales y hacer que sean iguales, lo que implica resolver una ecuación de primer grado en la práctica totalidad de los casos.

Veamos un ejemplo:

$$f(x) = \begin{cases} 2x^2 + ax + 1 & si\ x < 1 \\ \dfrac{x^2 + 2}{x - 2} & si\ x \geq 1 \end{cases}$$

Antes de nada, hay que hacer el dominio de ambas funciones por separado. En el caso de la primera función, su dominio será todos los números reales $\mathbb{R}$. En cuanto a la segunda función, su dominio será todos los números reales a excepción de $x = 2$, que es donde se anula el denominador. Como este valor es un número que pertenece al dominio de la segunda función, tenemos que tenerlo en cuenta al final del ejercicio a la hora de determinar la continuidad de la función e indicar el tipo de discontinuidad de la función en $x = 2$, que será asintótica o de salto infinito.

Como puedes ver en la primera función tenemos un parámetro, concretamente la letra "a". Esto no debe suponernos ningún tipo de problema, ya que vamos a proceder como en caso anteriores. En primer lugar, calcularemos los límites laterales, pero, en vez de comprobar si son iguales, como en los ejemplos anteriores, lo que vamos a hacer es igualarlos, obligando que ambos sean iguales y por tanto se cumplan las condiciones de continuidad de una función. Tras resolver la ecuación que nos resulte, tendremos el único valor de "a" para el cual la función es continua. Resolvamos el ejemplo:

$$\lim_{x \to 1^-} 2x^2 + ax + 1 = 2 \cdot (1)^2 + a \cdot 1 + 1 = 2 + a + 1 = a + 3$$

$$\lim_{x \to 1^+} \frac{x^2 + 2}{x - 2} = \frac{1^2 + 2}{1 - 2} = \frac{3}{-1} = -3$$

Una vez hechos los límites laterales, es el momento de igualarlos y obtener el valor del parámetro "a":

$$a + 3 = -3$$

$$a = -6$$

Podemos concluir que si $a = -6$ la función será continua en $x = 1$ y, por tanto, será continua en todos los números reales menos en $x = 2$, como vimos al comienzo del ejercicio. Si, por el contrario, solo nos piden el valor de "a" para el cual la función es continua en $x = 1$, no sería necesario mencionar la discontinuidad que presenta en $x = 2$.

Para completar la explicación, lo mejor es hacerlo con un caso práctico que te explico en el código QR. Se trata de un ejemplo extraído de una prueba de acceso a la universidad con la que terminarás de dominar este tipo de ejercicio de continuidad de una función.

En ocasiones, podemos encontrarnos con un ejercicio que nos pida calcular la continuidad de una función a trozos en función de dos parámetros. El procedimiento es exactamente igual que el ejemplo anterior. Es posible que, a la hora igualar las expresiones de los límites laterales, se nos quede una expresión con dos incógnitas. Esto no debería de suponernos ningún problema, puesto que, al igualar los otros dos límites laterales que nos queden por calcular, lograremos una expresión que tendrá una o dos incógnitas, que nos proporcionará la ecuación que nos falta para resolver el sistema de dos ecuaciones con dos incógnitas.

Hagamos un ejercicio con dos parámetros:

$$f(x) = \begin{cases} -2x - a & si \ x \leq 0 \\ x - 1 & si \ 0 < x \leq 2 \\ bx - 5 & si \ x > 2 \end{cases}$$

A simple vista, todas las funciones son polinómicas y el dominio de todas ellas se corresponde con todos los números reales $\mathbb{R}$. Nuestro estudio de continuidad se centrará en los valores umbral, en $x = 0$ y $x = 2$.

Empezamos por los límites laterales en $x = 0$:

$$\lim_{x \to 0^-} -2x - a = -2 \cdot 0 - a = -a$$

$$\lim_{x \to 0^+} x - 1 = 0 - 1 = -1$$

Igualamos ambas expresiones:

$$-a = -1$$

$$a = 1$$

Ahora es el turno de los límites laterales en $x = 2$:

$$\lim_{x \to 2^-} x - 1 = 2 - 1 = 1$$

$$\lim_{x \to 2^+} bx - 5 = 2b - 5$$

Igualamos ambas expresiones:

$$1 = 2b - 5$$
$$6 = 2b$$

$$b = \frac{6}{2} = 3$$

$f(x)$ será continua en todos los números reales, si $a = 1$ y $b = 3$.

De cara a afianzar la teoría y los conocimientos en cuanto a continuidad de funciones en función de dos parámetros se refiere, tienes en el código QR un vídeo con el que estoy convencido de que terminarás de perfeccionar este tipo de ejercicios. Se trata de un ejemplo completo con un toque de dificultad. Si tienes dudas, déjala en los comentarios y te la resolveré con otro comentario.

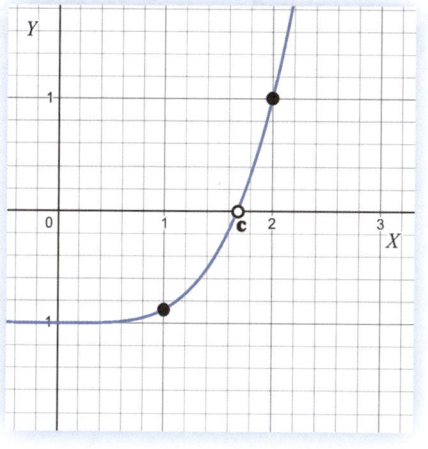

Para terminar este capítulo dedicado a la continuidad de las funciones, nos quedan tres pinceladas a modo de teoremas. El primero de ellos es el **teorema de Bolzano.** Bernard Bolzano, en 1817, hizo una gran contribución al campo de las matemáticas. Lo que a día de hoy nos puede parecer algo trivial en su momento fue un gran aporte al campo de las funciones.

El teorema de Bolzano afirma que si una función es continua en un intervalo $[a, b]$, y el signo del valor de la función en el punto "a" es distinto al signo del valor de la función en el punto "b", podemos asegurar que existe un punto "c" perteneciente al intervalo $[a, b]$, en el cual la función se anula, es decir $f(c) = 0$. Básicamente lo que viene a decirnos es que, si la función es continua en un intervalo y los extremos del intervalo tiene signos diferentes, la función cortará al eje x.

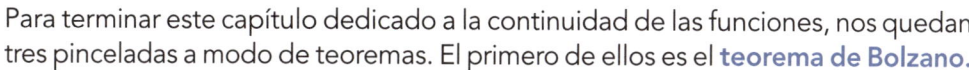

En la figura podemos comprobar que:

$$f(1) < 0 \quad y \quad f(2) > 0$$

Por tanto, existe un punto "c" perteneciente al intervalo $[\,1, 2\,]$ en el que $f(c) = 0$.

Una de las aplicaciones del teorema de Bolzano es encontrar soluciones de ecuaciones y polinomios que en principio sería imposible de calcular sin utilizar ordenadores ni calculadoras. Es común que nos encontremos con enunciados de ejercicios que piden demostrar la existencia de soluciones a una ecuación en un intervalo numérico dado y es gracias al teorema de Bolzano como lo podremos demostrar acotando la solución al intervalo que determinemos.

En el código QR encontrarás un vídeo en el que haremos un ejercicio de prueba de acceso a la universidad en el que gracias al teorema de Bolzano podremos determinar la existencia de soluciones reales en una ecuación que en principio no podríamos calcular con los procedimientos que conocemos.

El siguiente teorema es una consecuencia del teorema de Bolzano, se conoce como el **teorema de los valores intermedios** o teorema de Darboux. Este teorema enuncia que, si una función es continua en un intervalo $[\,a, b\,]$ y el valor de la función en "a" es diferente al valor de la función en "b", podemos asegurar que la función en ese intervalo $[\,a, b\,]$ tomará todos los valores comprendidos entre $f(a)$ y $f(b)$.

Para poner en práctica el teorema de los valores intermedios, tienes en el código QR un vídeo con un ejercicio en el que lo pondremos en práctica.

Por último, para ir terminando con la teoría de este capítulo, nos queda el teorema de Weiertrass, que afirma que, si una función es continua en un intervalo cerrado $[\,a, b\,]$, esta función alcanzará un valor máximo y un valor mínimo en ese intervalo. Lo que viene a decirnos básicamente es que existirá un punto "c" perteneciente al intervalo $[\,a, b\,]$ en el que la función alcanza un valor máximo y del mismo modo un punto "d" perteneciente al intervalo $[\,a, b\,]$ para el que la función alcanzará su valor mínimo.

Este teorema nos sirve de gran utilidad para garantizar que las funciones no tomarán valores infinitos en un intervalo acotado de una función continua y se usa principalmente en el análisis de optimización de funciones.

TOMA AQUÍ TUS NOTAS

EJERCICIOS DE PRUEBAS DE ACCESO A LA UNIVERSIDAD RESUELTOS

■ **Comunidad de Madrid 2023. Matemáticas II. Convocatoria ordinaria:**

Dada la función real de variable real definida sobre su dominio como:

$$f(x) = \begin{cases} \dfrac{x^2}{2+x^2} & si\ x \le -1 \\[2mm] \dfrac{2x^2}{3-3x} & si\ x > -1 \end{cases}$$

a) Estudiar la continuidad de la función en $\mathbb{R}$.

■ **Castilla y León 2023. Matemáticas aplicadas a las CC. SS. Convocatoria ordinaria:**

Consideremos la función:

$$f(x) = \begin{cases} x^2 & si\ x \le 1 \\[2mm] \dfrac{1}{2x-1} & si\ x > 1 \end{cases}$$

a) Estudiar la continuidad de $f(x)$ en todo su dominio. Calcular, si los tiene, los puntos de discontinuidad.

■ **Comunidad de Madrid 2022. Matemáticas aplicadas a las CC. SS. Convocatoria ordinaria:**

A3. Considere las funciones reales de variable real: $f(x) = x^2 - 4x + 3$ y $g(x) = -x^2 + ax + 3$.

a) Se define $h(x)$ de la siguiente manera:

$$h(x) = \begin{cases} f(x), & si\ x \le 1 \\ g(x), & si\ x > 1 \end{cases}$$

¿Qué valor debe darle a la constante $a \in \mathbb{R}$ para que la función sea continua en $\mathbb{R}$?

■ **Extremadura 2023. Matemáticas II. Convocatoria extraordinaria:**

6. Encontrar los valores de a y b para que la función:

$$f(x) = \begin{cases} 2x^2 + ax + b, & si\ x \le 1 \\ \ln x, & si\ x > 1 \end{cases}$$

sea continua en $x = 1$ y su gráfica pase por el punto $(-1, 5)$.

De cara a practicar, te recomiendo que hagas los siguientes **ejercicios de repaso**:

1. Estudia la continuidad de las siguientes funciones:

$$f(x) = \begin{cases} x - 1 & si\ x \le 1 \\ x^2 - 1 & si\ 1 < x \le 2 \\ x^2 & si\ x > 2 \end{cases} \qquad f(x) = \begin{cases} \dfrac{x - 1}{x - 2} & si\ x \le 1 \\ \ln x & si\ x > 1 \end{cases}$$

$$f(x) = \begin{cases} \dfrac{1}{x}\ si\ x < 1 \\ \sqrt{x + 1}\ si\ x > 1 \end{cases} \qquad f(x) = \begin{cases} e^x\ si\ x \le 0 \\ \sqrt{2x - 6}\ si\ x > 0 \end{cases}$$

$$f(x) = \begin{cases} x^2 + 2x - 1 & si\ x \le -1 \\ e^x & si\ -1 < x < 2 \\ \dfrac{3}{x - 2} & si\ x \ge 2 \end{cases} \qquad f(x) = \begin{cases} \ln x\ si\ x \le 1 \\ \dfrac{2x - 6}{x^2 - 1}\ si\ 1 < x < 3 \\ \sqrt{x - 4}\ si\ x > 3 \end{cases}$$

2. Determinar el valor del parámetro a para que la función sea continua en todos los números reales:

$$f(x) = \begin{cases} 2x^3 + 2\ si\ x < 2 \\ 3a - 3\ si\ x \ge 2 \end{cases} \qquad f(x) = \begin{cases} \dfrac{3x - 4}{x + 1} & si\ x \le -2 \\ ax^2 - 3 & si\ x > -2 \end{cases}$$

$$f(x) = \begin{cases} ax^2 - 6\ si\ x < 1 \\ \ln x\ \ \ \ si\ x \ge 1 \end{cases} \qquad f(x) = \begin{cases} e^x + 2\ si\ x \le 0 \\ \sqrt{ax + 2}\ si\ x > 0 \end{cases}$$

3. Determinar el valor de los parámetros a y b para que la función sea continua en todos los números reales:

$$f(x) = \begin{cases} x^2 + 3x - 2\ si\ x \le 0 \\ 2ax + b\ si\ 0 < x < 2 \\ 3x\ si\ x \ge 2 \end{cases} \qquad f(x) = \begin{cases} 2x - 4 & si\ x \le 1 \\ ax - b & si\ 1 < x < 4 \\ x^2 - 10 & si\ x > 4 \end{cases}$$

4. Determinar los valores de a y b para que la función sea continua en todos los números reales y además cumpla que $f(2) = 5$.

$$f(x) = \begin{cases} \ln x\ si\ 0 < x \le 1 \\ ax - b\ si\ x > 1 \end{cases}$$

4 DERIVADAS

¿QUÉ ES UNA DERIVADA?

Me gustaría empezar este capítulo con una frase de Buddha: "La única constante en la vida es el cambio". Es precisamente eso, el cambio en las funciones, lo que estudia las derivadas. Para ello, descompondremos las funciones en partes muy pequeñas para que así se nos haga más sencillo analizar el cambio que se produce en cada momento. Sé que puede sonar un poco complicado, pero no os preocupéis, no es tan complejo como parece y os prometo que será una labor muy sencilla. Las derivadas son una herramienta muy útil en nuestra vida cotidiana y se utilizan en campos como la economía, la física, ingeniería o medicina, entre otras disciplinas. Todo aquello que sea vulnerable a tener cambios podrá ser estudiado mediante derivadas.

Para entender el concepto de derivada y el motivo por el que en la introducción os hablaba de descomponer la función en secciones pequeñas, tenemos que recurrir al concepto de **derivada usando la definición**. Este procedimiento se basa en estudiar el cambio que presenta la función a medida que vamos estrechando el rango de los valores de x que tomamos, obligando a que ese cambio tienda a ser cero. Para ello hacemos uso del límite de la función y calculamos el valor de la derivada mediante la siguiente expresión:

$$f'(x) = \lim_{h \to 0} \frac{f(x+h) - f(x)}{h}$$

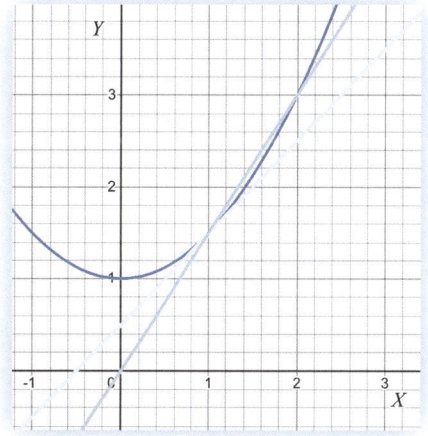

TOMA AQUÍ TUS NOTAS

A primera vista puede parecer algo complicado, pero en el siguiente ejemplo comprobarás que se trata de algo muy sencillo. Empecemos por un ejemplo fácil:

Calcular la derivada de $f(x) = 4x$ usando la definición:

$$f'(x) = \lim_{h \to 0} \frac{4(x + h) - 4x}{h} =$$

$$\lim_{h \to 0} \frac{4x + 4h - 4x}{h} = \lim_{h \to 0} \frac{4h}{h} =$$

Simplificamos cancelando h del numerador y denominador nos queda:

$$\lim_{h \to 0} 4 = 4$$

Como puedes comprobar, se trata de un concepto muy sencillo que nos acerca al concepto de pendiente de una función en un punto y recta tangente a la función en un punto determinado. De cara a afianzar este concepto de derivar una función utilizando el concepto de definición, tienes dos ejemplos más complicados en el código QR. Te animo a que lo veas.

Este procedimiento para calcular la derivada de una función que en principio puede parecer laborioso, sobre todo si nos paramos a pensar en funciones más complejas, no es el que vamos a usar habitualmente. De ahora en adelante realizaremos las derivadas de funciones utilizando las **reglas de derivación**. Cada tipo de función tendrá una manera diferente de derivarse y se ajustará a una regla. Al principio, te parecerá que son muchas, pero, hazme caso, son muy fáciles de aprender y una vez que hagas 3 derivadas empezarás a asimilarlas y comprender su sencillez. Si me permites un consejo, te animo a que hagas muchas derivadas, ya que la mejor manera de aprender a derivar es haciendo muchas.

Antes de nada, decirte que siempre que veas $f'(x) =$ es la manera que tenemos de indicar que se trata de la función derivada. Es decir, siempre que hagas la derivada, tendrás que poner $f'(x)$ para indicar que has derivado la función.

Como siempre, vamos a ir de lo más fácil a lo menos sencillo en lo que a las reglas de derivación se refiere y junto a ellas tendrás un código QR con un vídeo que te lo explica.

DERIVADA DE FUNCIONES POLINÓMICAS

$$f(x) = a \quad \rightarrow \quad f'(x) = 0$$

$$f(x) = ax \quad \rightarrow \quad f'(x) = a$$

$$f(x) = ax^n \rightarrow f'(x) = n \cdot ax^{n-1}$$

DERIVADA DE FUNCIONES RADICALES

$$f(x) = \sqrt{x} \quad \rightarrow \quad f'(x) = \frac{1}{2\sqrt{x}}$$

$$f(x) = \sqrt[n]{x^m} \quad \rightarrow \quad f'(x) = \frac{m}{n\sqrt[n]{x^{n-m}}}$$

Este tipo de funciones también se pueden derivar convirtiendo la raíz en una potencia. Lo tienes explicado en el vídeo del código QR.

DERIVADA DE FUNCIONES EXPONENCIALES

$$f(x) = e^x \quad \rightarrow \quad f'(x) = e^x$$

$$f(x) = a^x \quad \rightarrow \quad f'(x) = a^x \cdot \ln(a)$$

DERIVADA DE FUNCIONES LOGARÍTMICAS

$$f(x) = \ln(x) \quad \rightarrow \quad f'(x) = \frac{1}{x}$$

$$f(x) = \log_a x \quad \rightarrow \quad f'(x) = f'(x) = \frac{1}{x \cdot \ln(a)}$$

DERIVADA DE FUNCIONES TRIGONOMÉTRICAS

$$f(x) = sen(x) \quad \rightarrow \quad f'(x) = \cos(x)$$

$$f(x) = \cos(x) \quad \rightarrow \quad f'(x) = -sen(x)$$

$$f(x) = \cos(x) \quad \rightarrow \quad \begin{cases} 1 + tan^2(x) \\ \dfrac{1}{cos^2(x)} \end{cases}$$

$$f(x) = arcsen(x) \quad \rightarrow \quad f'(x) = \frac{1}{\sqrt{1-x^2}}$$

$$f(x) = arccos(x) \quad \rightarrow \quad f'(x) = \frac{-1}{\sqrt{1-x^2}}$$

$$f(x) = arcsen(x) \quad \rightarrow \quad f'(x) = \frac{1}{1+x^2}$$

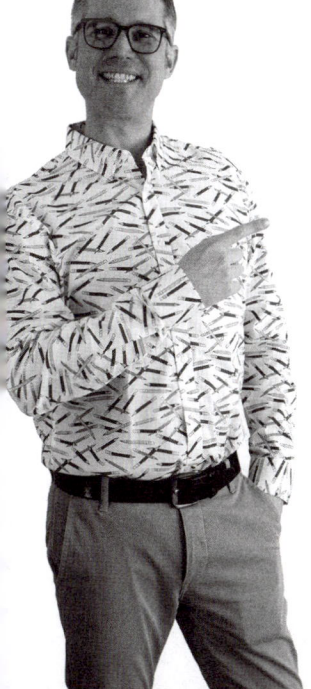

Una vez que ya sabemos derivar las funciones elementales por separado, estamos en condiciones de pasar al siguiente nivel, que sería derivar funciones en las que tenemos suma, multiplicación y división de funciones elementales. Como en el caso anterior, en cada apartado encontrarás un código QR que te llevará a un vídeo con explicaciones sobre la materia.

DERIVADA DE LA SUMA Y RESTA DE FUNCIONES ELEMENTALES

$$f(x) = g(x) \pm h(x) \ldots \; \rightarrow \; f'(x) = g'(x) \pm h'(x) \ldots$$

DERIVADA DEL PRODUCTO DE FUNCIONES ELEMENTALES

$$f(x) = g(x) \cdot h(x) \; \rightarrow \; f'(x) = g'(x) \cdot h(x) + g(x) \cdot h'(x)$$

DERIVADA DEL COCIENTE DE FUNCIONES ELEMENTALES

$$f(x) = \frac{g(x)}{h(x)} \; \rightarrow \; f'(x) = \frac{g'(x) \cdot h(x) - g(x) \cdot h'(x)}{(h(x))^2}$$

Y, por último, nos queda por aprender cómo derivar funciones compuestas, lo que comúnmente se denomina **regla de la cadena**. Quizás es la regla de derivación con la que más cuidado tenemos que tener. En el código QR explico varios ejemplos, fíjate bien en que el proceso es siempre el mismo, solo hay que tener mucho cuidado de no saltarse ningún paso.

La fórmula general sería esta:

$$f(x) = g(h(x)) \;\; \rightarrow \; f(x) = g'(h(x)) \cdot h'(x)$$

En ocasiones, tendremos más de dos funciones compuestas, pero el procedimiento será siempre el mismo. En el vídeo del código QR trato algún ejemplo de este tipo. Te recomiendo practicar muchas, son las que suelen caer en los exámenes.

Para acabar la parte teórica de este capítulo, únicamente nos quedaría estudiar el concepto de **derivabilidad de una función**. Se trata de una operación muy sencilla y lo único que hay que poner en práctica son los conceptos aprendidos en el apartado de cálculo de límites de una función en un punto.

Para que una función sea derivable en un punto determinado, tiene que cumplir obligatoriamente que sea continua en ese punto, es decir, que los límites laterales en el punto sean iguales y coincida con el valor de la función en dicho punto. Una vez hemos comprobado que la función es continua, llega el momento de estudiar la derivabilidad para lo cual lo primero que tenemos que hacer es derivar nuestra función, que por regla general será una función a trozos, y una vez la tengamos derivada realizar los límites laterales en el punto que nos indiquen, pero en este caso de la función derivada. Si los límites laterales de la función derivada coinciden, la función será derivable en dicho punto. Veamos un ejemplo:

Determina si la función es continua y derivable en $x = 0$:

$$f(x) = \begin{cases} x^2 + x & si\ x < 0 \\ \\ \dfrac{x}{x+1} & si\ x \geq 0 \end{cases}$$

El primer paso es comprobar si la función es continua en $x = 0$:

$$\lim_{x \to 0^-} x^2 + x = 0^2 + 0 = 0$$

$$\lim_{x \to 0^+} \frac{x}{x+1} = \frac{0}{0+1} = 0$$

$$f(0) = \frac{x}{x+1} = \frac{0}{0+1} = 0$$

Puesto que $\lim_{x \to 0^-} = \lim_{x \to 0^+} = f(0)$ podemos asegurar que la función es continua, requisito primordial para que sea derivable. Ahora comprobemos la derivabilidad. Empecemos por derivar la función:

$$f(x) = \begin{cases} 2x + 1 & si\ x < 0 \\ \\ \dfrac{1}{(x+1)^2} & si\ x \geq 0 \end{cases}$$

Una vez derivada, estudiamos los límites laterales de $f'(x)$ en $x = 0$.

$$\lim_{x \to 0^-} 2x + 1 = 2 \cdot 0 + 1 = 1$$

$$\lim_{x \to 0^+} \frac{1}{(x+1)^2} = \frac{1}{(0+1)^2} = \frac{1}{1} = 1$$

Puesto que los límites laterales de la función derivada son iguales en $x = 0$ y la función es continua en dicho punto, podemos asegurar que la función es continua y derivable en $x = 0$.

En caso de que los valores de los límites laterales en la función derivada no coincidan, podemos decir que la función es continua en dicho punto, pero no derivable. Por último, en caso de llegar a un ejemplo en el que la función no es continua, deberíamos decir que, al tratarse de una función que no es continua en dicho punto, no podría ser derivable por no cumplir el requisito de ser continua en el punto indicado.

De cara a hacer otro ejemplo del típico ejercicio que podemos encontrar en una prueba de acceso a la universidad en la que nos pidan comprobar la continuidad y derivabilidad de una función, tienes en el código QR un vídeo con otro ejemplo para que termines de comprender y dominar este tipo de ejercicios.

¿Recuerdas que en el apartado de continuidad podíamos hacer el estudio de la continuidad de una función cuando nos daban un parámetro? Pues nos pueden poner ejercicios en los que nos pidan estudiar la derivabilidad de una función en función de uno o dos parámetros. Se hace exactamente igual que la continuidad, pero con las derivadas de la función. Lo mejor es que veas el vídeo del código QR, ya que encontrarás un vídeo con una explicación.

TOMA AQUÍ TUS NOTAS

EJERCICIOS DE PRUEBAS DE ACCESO
A LA UNIVERSIDAD RESUELTOS

■ **Comunidad de Madrid 2022. Matemáticas aplicadas a las CC. SS. Convocatoria ordinaria:**

B2: Considere la función real de variable real:

$$f(x) = \frac{x^2 - x + 1}{x - 1}$$

b) Calcule $f'(x)$ y halle el valor de $f'(2)$.

■ **Comunidad de Madrid 2022. Matemáticas aplicadas a las CC. SS. Convocatoria extraordinaria:**

B2. a) Determine los valores de los parámetros $a, b \in \mathbb{R}$ para que la función

$$f(x) = ax + \frac{b}{x}$$

verifique que $f(2) = 4$ y $f'(2) = 0$.

■ **Navarra 2023. Matemáticas II. Convocatoria ordinaria:**

P5. Calcula las derivadas de las siguientes funciones y sus valores en el punto $x = 0$:

a) $f(x) = \ln\left[\cos(\pi x) \cdot e^{x^2 + 2x}\right]$

b) $g(x) = \arctan\sqrt{1 + 2x + e^{2x}}$

■ **Comunidad de Madrid 2022. Matemáticas II. Convocatoria extraordinaria:**

Sea la función:

$$f(x) = \begin{cases} \dfrac{2x + 1}{x}, & si\ x < 0 \\ x^2 - 4x + 3, & si\ x \geq 0 \end{cases}$$

b) ¿Es $f(x)$ derivable en $x = 0$? Justifique la respuesta.

De cara a practicar te recomiendo que hagas los siguientes ejercicios de repaso:

1. Deriva las siguientes funciones:

a) $f(x) = 3x^2 + 2x - 1$

n) $f(x) = \cos \sqrt{\dfrac{3x^2 + 1}{e^x}}$

b) $f(x) = \dfrac{3}{x^2} + 3x - 2$

o) $f(x) = (5x^3 + x) \cdot (x^2 + 3^x)$

c) $f(x) = \sqrt{3x} + \sqrt[3]{5x^2}$

p) $f(x) = \sqrt{\dfrac{2}{x^2} + \dfrac{3x^2 + 8x}{x^3}}$

d) $f(x) = \dfrac{2}{\sqrt{x}} - 3x^2 + \sqrt{3x - 1}$

q) $f(x) = \dfrac{\cos x}{x \cdot \sqrt{x}}$

e) $f(x) = \dfrac{e^x}{\sqrt{x}}$

r) $f(x) = \sqrt[3]{e^x + tgx}$

f) $f(x) = e^{5x^2 + 3x} + 3^{x+2}$

s) $f(x) = \ln\left(\dfrac{e^x + x^2}{e^x - 1}\right)$

g) $f(x) = 4x^2 \cdot 2^x$

t) $f(x) = \ln\sqrt{x \cdot \sqrt{e^x + 3}}$

h) $f(x) = \dfrac{2x^2 + e^x}{5^x + 2x}$

u) $f(x) = \cos x + \cos^2 x + \cos 2x$

i) $f(x) = \sqrt{\dfrac{2x^3 - 3x}{e^x + 5x^3}}$

v) $f(x) = \ln(sen\,2x)$

j) $f(x) = \ln(x^2 + 2x - 1)$

w) $f(x) = \dfrac{e^x + 5x}{\ln(3x^2 \cdot \cos x)}$

k) $f(x) = \ln \dfrac{5x^2 + 3x}{e^x + 2^x}$

x) $f(x) = 2tg(5x)$

l) $f(x) = sen\,x + \cos x$

y) $f(x) = \sqrt{\dfrac{e^x \cdot \cos x}{\ln x^3 + e^x}}$

m) $f(x) = e^x \cdot \cos x$

2. Determina si las siguientes funciones son continuas y derivables:

$$f(x) = \begin{cases} e^x & si\ x \le 0 \\ x^2 + 1 & si\ 0 < x < 2 \\ 3x^3 - 5x & si\ x \ge 2 \end{cases} \qquad f(x) = \begin{cases} 6x^2 - 2x & si\ x \le 1 \\ \ln(x - 1) & si\ x > 2 \end{cases}$$

3. Determina el valor de los parámetros a y b para que la función sea continua y derivable en todos los números reales:

$$f(x) = \begin{cases} 0 & si\ x \le -1 \\ ax^3 + bx & si\ -1 < x < 2 \\ 11x - 16 & si\ x \ge 2 \end{cases} \qquad f(x) = \begin{cases} ax^2 + 5x & si\ x \le 1 \\ x^2 + bx - e^{x-1} & si\ x > 1 \end{cases}$$

5 APLICACIONES DE LAS DERIVADAS

Muchas veces, en mi vida cotidiana, me han preguntado: "Y esto que estás explicando ¿para qué sirve en la vida?". Si te soy sincero, es verdad que hay partes del temario de matemáticas que se usa más bien poco en la vida cotidiana. Peeerooo... (tenía que haber un pero) nos encontramos en un capítulo que precisamente tiene mucha utilidad en nuestro día a día. Las derivadas y concretamente sus aplicaciones nos ayudan a entender cómo cambia y evoluciona todo aquello que se encuentra a nuestro alrededor. ¿Te has preguntado por qué el tetrabrick tiene esa forma y dimensiones? La respuesta está en las derivadas. El tetrapack, material con el que se hace el envase, es costoso y es gracias a las derivadas que se consigue emplear la mínima cantidad de tetrapack para albergar en su interior un litro de la bebida. A esto le llamaremos optimización.

No solo se emplean en la industria alimentaria, también en automoción, mercado de valores, ingenierías, tasas de cambio de poblaciones en determinadas especies biológicas, etc. Conclusión: es muy extendido el uso de las derivadas en nuestra vida cotidiana.

La primera de las aplicaciones de las derivadas que vamos a tratar en este capítulo es el cálculo de la **recta tangente a la función en un punto**. Se trata de un procedimiento muy sencillo siempre y cuando a la hora de escribir la recta lo hagamos en la forma punto-pendiente. La fórmula general de nuestra recta tangente va a ser la siguiente:

$$y - f(x_0) = f'(x_0) \cdot (x - x_0)$$

Los pasos a seguir son los siguientes:

■ Derivar la función.

■ Sustituir el valor de "x_0" que nos dan, tanto en la derivada como en la función original.

■ Sustituir en la ecuación de la recta punto-pendiente.

TOMA AQUÍ TUS NOTAS

Veamos un ejemplo:

Calcular la recta tangente a la función $f(x) = x^3 - 2x^2 - x + 2$ en el punto de abscisa $x = 1$.

Seguimos los pasos indicados:

Primero derivamos:

$$f'(x) = 3x^2 - 4x - 1$$

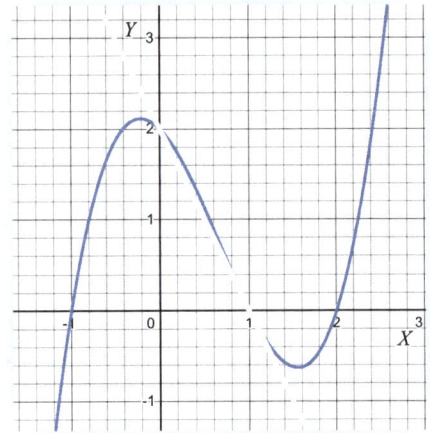

A continuación, sustituimos el valor de x_0:

$$f(1) = 1^3 - 2 \cdot 1^2 - 1 + 2 = 0$$

$$f'(1) = 3 \cdot 1^2 - 4 \cdot 1 - 1 = -2$$

Por último, sustituimos en la ecuación:

$$y - 0 = -2 \cdot (x - 1)$$

En otras ocasiones, nos pedirán que calculemos la recta tangente a una función, pero en este caso que sea paralela a otra recta dada. La mejor manera de estudiar este tipo de ejercicio es mediante un vídeo. Sigue el mismo procedimiento, pero con una peculiaridad. En el código QR tendrás dos ejemplos, como el caso anterior y otro con la explicación de la recta tangente a una recta dada.

La siguiente aplicación de las derivadas es una de las más queridas, puesto que nos ayuda a resolver indeterminaciones de límites de funciones del tipo $\frac{\infty}{\infty}$ y $\frac{0}{0}$ cuando se complica hacerlo por los métodos vistos anteriormente. Se trata de la **regla de L'Hôpital**.

Gracias a esta regla, vamos a poder resolver indeterminaciones del tipo $\frac{0}{0}$ en las que se nos haga muy difícil, por no poder decir imposible, realizar la factorización del numerador y del denominador.

La técnica a emplear es muy sencilla, solo tenemos que dominar las reglas de derivación, ya que lo que vamos a hacer es derivar numerador y denominador independientemente. **NO** tenemos que aplicar la regla de derivación del cociente, lo que tenemos que hacer es derivarlos independientemente, colocar el resultado de la derivada en el numerador o denominador según le corresponda y volver a sustituir el valor del límite que nos mandan a calcular. En caso de que nos vuelva a quedar una indeterminación, volvemos a realizar la regla de L'Hôpital sobre el resultado de las primeras derivadas. No siempre conseguimos resolver la indeterminación a la primera y es necesario aplicar la regla de L'Hôpital varias veces hasta conseguir resolver la indeterminación.

Hagamos un ejemplo:

$$\lim_{x \to 0} \frac{1 - \cos x}{(e^x - 1)^2}$$

$$\lim_{x \to 0} \frac{1 - \cos 0}{(e^0 - 1)^2} = \frac{0}{0}$$  **ind!**

En este caso, no podemos factorizar numerador y denominador, por lo que tenemos que hacer uso de L´Hôpital. Derivamos numerador y denominador por separado y sustituimos de nuevo el valor del límite:

$$\lim_{x \to 0} \frac{-(-\operatorname{sen} x)}{2 \cdot (e^x - 1) \cdot e^x} \to \lim_{x \to 0} \frac{\operatorname{sen} x}{2e^x \cdot (e^x - 1)}$$

$$\lim_{x \to 0} \frac{\operatorname{sen} 0)}{2e^0 \cdot (e^0 - 1)} = \frac{0}{0} \quad \textbf{ind}\boldsymbol{!}$$

Nos vuelve a resultar una determinación $\frac{0}{0}$ de tal manera que seguimos derivando:

$$\lim_{x \to 0} \frac{\cos x}{2e^x \cdot (e^x - 1) + 2e^x \cdot e^x} \to \lim_{x \to 0} \frac{\cos x}{4e^{2x} - 2e^x}$$

$$\lim_{x \to 0} \frac{\cos 0}{4e^{2 \cdot 0} - 2e^0} = \frac{1}{2}$$

En esta ocasión, resolver esta indeterminación nos ha costado hacer dos veces L´Hôpital, no siempre conseguimos nuestro objetivo a la primera. No nos debe resultar extraño que en algunos ejercicios tengamos que realizar incluso 3 o 4 veces esta regla para conseguir nuestro objetivo.

De cara a afianzar este tipo de procedimiento y estudiar otros casos de límite en los que tenemos que hacer uso de L´Hôpital para resolver la indeterminación, tienes en el código QR más ejemplos en los que te lo explico con un vídeo.

TOMA AQUÍ TUS NOTAS

La aplicación de las derivadas que vamos a tratar ahora es algo que cae en todos los exámenes de acceso a la universidad, no es otro que calcular **máximos y mínimos de una función y sus intervalos de monotonía.**

Llegados a este punto del capítulo, ya nos hacemos una idea de que el valor de la derivada de la función en un punto está relacionado con el valor de la pendiente de la recta tangente a la función en dicho punto. De este modo, si el valor de la pendiente es positivo la función crecerá; si es negativo, decrecerá.

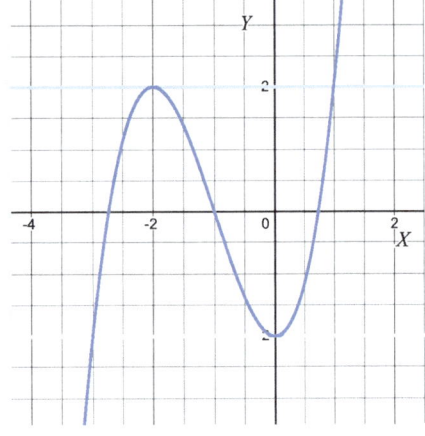

Y ¿si es cero? ¿Qué pasa? Si el valor de la pendiente es cero significa que ni crece ni decrece, por lo que nos encontraremos con el caso de una recta paralela al eje x y es en estos valores donde se encontrarán los máximos y los mínimos de una función.

Encontraremos un máximo en una función en un punto cuando previamente la función crezca e inmediatamente después decrezca. Coloquialmente, que la función suba e inmediatamente después baje. Por el contrario, encontramos un mínimo en un punto cuando la función decrece e inmediatamente después del punto, crece, es decir, que la función baje y después suba.

De este modo, a la hora de calcular los máximos y los mínimos de una función lo que tenemos que hacer es DERIVAR para luego IGUALAR A CERO el resultado de nuestra primera derivada. Una vez obtengamos esos valores donde se anula la derivada, estudiamos el entorno de esos puntos para determinar si es máximo o mínimo en función del valor del signo de las pendientes de las rectas, a la izquierda y a la derecha del punto que nos indican.

Veamos lo sencillo que es calculando los máximos, mínimos y los intervalos de crecimiento (también llamado monotonía) de la siguiente función:

$$f(x) = x^3 - \frac{3x^2}{2} - 6x + 4$$

En primer lugar, hacemos la derivada de $f(x)$:

$$f'(x) = 3x^2 - 3x - 6$$

Igualamos la derivada a cero y resolvemos:

$$3x^2 - 3x - 6 = 0$$

$$x = \begin{cases} x = -1 \\ x = 2 \end{cases}$$

En este punto, sabemos que los valores de "x" donde es posible que tengamos máximos o mínimos es en $x = -1$ y $x = 2$. Es el momento de comprobar el signo de la derivada primera en el entorno de los valores de "x" obtenidos; para ello, tomamos valores de "x" a la derecha e izquierda de $x = -1$ y $x = 2$:

$$f'(x) = 3x^2 - 3x - 6$$

$$f'(-2) = 3(-2)^2 - 3(-2) - 6 = 12 = \ +$$

$$f'(0) = 3 \cdot 0^2 - 3 \cdot 0 - 6 = -6 = \ -$$

$$f'(3) = 3 \cdot 3^2 - 3 \cdot 3 - 6 = 12 = \ +$$

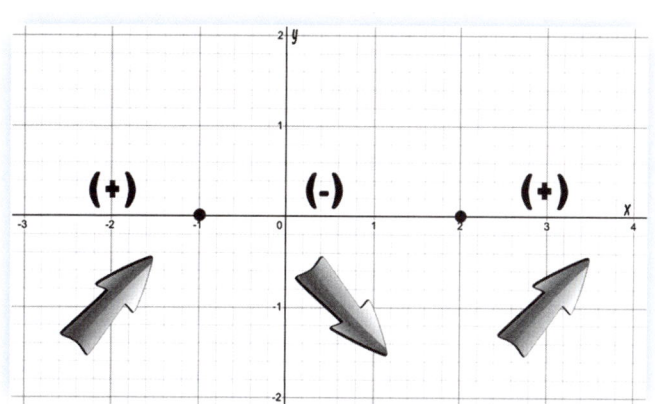

Una vez tenemos estudiado el signo de la derivada primera, es muy recomendable hacer la representación de la recta real en la que colocaremos, en primer lugar, los valores de x en los que es posible que tengamos máximos o mínimos y, a continuación, el signo de la derivada primera en el entorno de eso valores críticos. Esto nos dará información sobre la pendiente de la función en el entorno de los valores críticos. Si el signo de la derivada primera es (+), la función crece; y, si el signo es (−), la función decrece. Si acompañas el gráfico de la recta real con flechas, tal y como ves en la imagen, te harás una idea visualmente de dónde se encuentran los máximos, los mínimos y los intervalos de monotonía.

Según la información obtenida en el estudio de la derivada primera, podemos afirmar que a la izquierda de $x = -1$ la función crece y a la derecha decrece, lo que implica que en $x = -1$ tenemos un máximo. Nos falta obtener el valor de la coordenada y del máximo, para ello sustituimos el valor de $x = -1$ en nuestra función original sin derivar:

$$f(-1) = (-1)^3 - \frac{3(-1)^2}{2} - 6(-1) + 4 = \frac{15}{2}$$

El máximo se encuentra en $(-1, \frac{15}{2})$.

Nos queda aún por estudiar lo que sucede en $x = 2$. Si nos fijamos en el entorno de $x = 2$, a la izquierda de $x = 2$ la función decrece y a la derecha crece, lo que implica que en $x = 2$ tenemos un mínimo. Nos falta obtener el valor de la coordenada y del mínimo; para ello, igual que en el caso anterior, sustituimos el valor de $x = 2$ en nuestra función original:

$$f(2) = (2)^3 - \frac{3(2)^2}{2} - 6(2) + 4 = -6$$

El mínimo se encuentra en $(2, -6)$.

Una vez ya tenemos los máximos y los mínimos, solo nos queda indicar la monotonía, también conocida como intervalos de crecimiento. Se trata de un paso muy sencillo en el que tenemos que indicar los valores de x en los que la función crece o decrece mediante intervalos.

Una vez más, si nos fijamos en la recta real que hemos elaborado, podemos afirmar que:

$$f(x) \; crece \; (-\infty, -1) \cup (2, +\infty)$$

$$f(x) \; decrece \; (-1, 2)$$

Como puedes comprobar, realizar el estudio de los máximos, los mínimos y los intervalos de crecimiento es una labor muy sencilla que se resuelve con tan solo hacer la derivada primera y representar los resultados del estudio de la derivada en la recta real.

Existe otro método para determinar si los valores de la x obtenidos en la derivada primera se corresponden con un máximo o un mínimo mediante el uso de la derivada segunda. No suelo recomendar este método porque a veces la derivada segunda se complica y nos resulta una expresión complicada de derivar. Aun así, en el vídeo del código QR resuelvo un ejemplo por los dos métodos. Te recomiendo que lo veas.

Ha llegado el momento de dar el siguiente paso en lo que a derivadas se refiere. Llegado a este punto, nos toca aprender cómo realizar el estudio de la **curvatura de la función y sus puntos de inflexión**. *A priori* puede parecer algo complicado porque saldrán términos matemáticos que pueden parecer enrevesados, pero, sinceramente, si sigues los pasos que te indico, se convertirá en algo muy sencillo.

Empecemos por lo más sencillo: ¿qué es la curvatura y qué tipos encontramos? En lo que se refiere a la curvatura, podemos encontrar dos posibilidades:

Función convexa (∩)

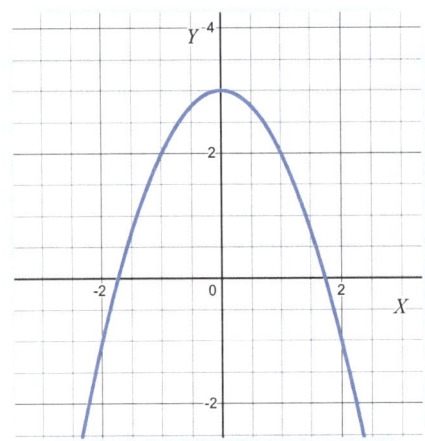

Función cóncava (∪)

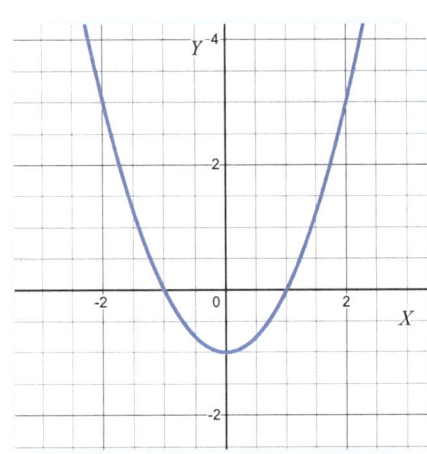

Para determinar el tipo de curvatura tenemos que recurrir a la segunda derivada. ¿Cómo se calcula la segunda derivada? Muy sencillo, volvemos a derivar el resultado de la derivada primera y lo notamos de esta manera: $f''(x)$.

$$f(x) = x^3 - 3x^2 + 1$$

$$f'(x) = 3x^2 - 6x$$

$$f''(x) = 6x - 6$$

Este sería el primer paso. Una vez tenemos hecha la segunda derivada, igualamos a cero el resultado de la segunda derivada y resolvemos. El resultado de esa ecuación nos indica los valores de x en los que tenemos que estudiar la existencia de un punto de inflexión. Pero ¿qué es un punto de inflexión? Es el punto de la función en el que la función cambia su curvatura, es decir, pasa de ser cóncava a convexa o viceversa. Es por ello que, si estudiamos el entorno de un punto de inflexión en una recta real, como la que hicimos en los máximos y los mínimos, determinamos la curvatura de la función y la existencia de puntos de inflexión en caso de que la curvatura cambie. Ahora bien, ¿cómo determinamos la curvatura?

Que la función sea cóncava o convexa depende del signo que toma la derivada segunda:

$$si \ f''(x_0) < 0 \ la \ función \ es \ convexa \ \cap$$

$$si \ f''(x_0) > 0 \ la \ función \ es \ cóncava \ \cup$$

Hay un truco para que nunca se te olvide:
"Recuerda que las cosas positivas nos ponen alegres ∪ y las negativas tristes ∩."

Continuamos con el ejemplo de antes. Ya tenemos la derivada segunda, por lo que ahora es el momento de igualar a cero y resolver:

$$f''(x) = 6x - 6$$

$$f''(x) = 0$$

$$6x - 6 = 0$$

$$x = 1$$

En "$x = 1$" tenemos un posible punto de inflexión. Para comprobarlo, tenemos que analizar el valor que toma la derivada segunda a la izquierda y a la derecha del posible punto de inflexión:

$$f''(x) = 6x - 6$$

$$f''(0) = 6 \cdot 0 - 6 = -6 \ \rightarrow \cap$$

$$f''(2) = 6 \cdot 2 - 6 = 6 \ \rightarrow \cup$$

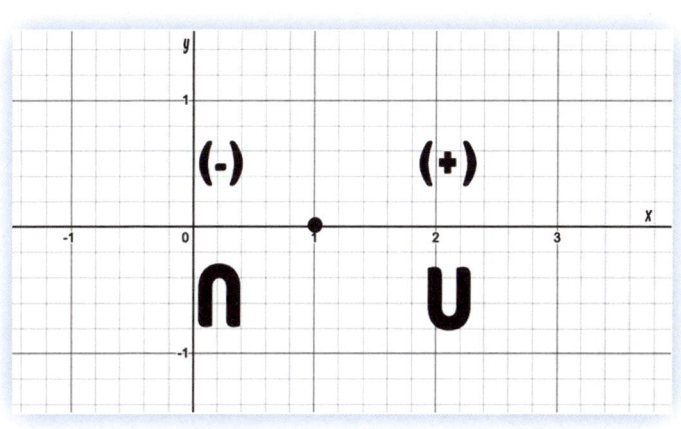

Una vez tenemos ya los resultados, podemos confirmar que en $x = 1$ hay un punto de inflexión, ya que la curvatura a ambos lados del punto es diferente. Solo nos queda saber la imagen del punto de inflexión y, para ello, sustituimos el valor en la función original:

$$f(x) = x^3 - 3x^2 + 1$$

$$f(1) = 1^3 - 3 \cdot 1^2 + 1 = -1$$

El punto de inflexión estaría en el $(1, -1)$.

Para concluir el estudio de la derivada segunda, únicamente nos queda indicar los intervalos de la función en la que encontramos los diferentes tipos de curvatura. Para ello, nos volvemos a fijar en la recta que hemos realizado con la derivada segunda y, en este caso, nos fijamos en el signo que toma la derivada segunda por intervalos, obteniendo:

$$f(x) \ es \ convexa \ (\cap) : (-\infty, 1)$$

$$f(x) \ es \ cóncava \ (\cup) : (1, +\infty)$$

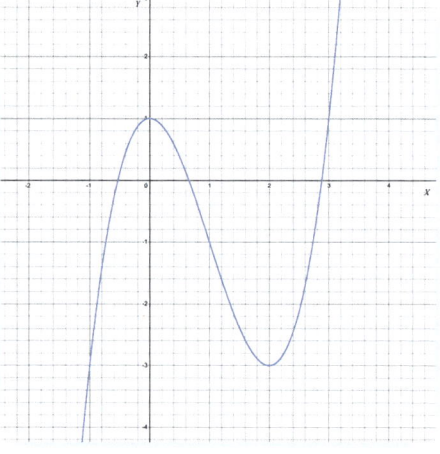

En la imagen, puedes ver la gráfica de la función a la que hemos realizado el estudio de su curvatura. Siempre que estés haciendo el estudio de funciones te recomiendo que hagas uso de calculadoras gráficas. Haciendo una búsqueda en Internet encontrarás muchas gratuitas. Ayudan mucho a comprobar que el trabajo que estás haciendo es correcto con un simple vistazo.

Ahora que ya conoces la teoría y dominas los pasos que tienes que seguir a la hora de realizar el estudio de la curvatura de una función y sus puntos de inflexión, lo mejor es hacer un ejercicio un poco más complicado; para ello, te invito a escanear el código QR y hagamos juntos el ejercicio del vídeo.

TOMA AQUÍ TUS NOTAS

Tal y como te decía en la introducción de este capítulo, las derivadas tienen muchas utilidades en nuestra vida cotidiana. Quizás la más importante está relacionada con los **problemas de optimización**. La experiencia me dice que siempre que se menciona la palabra problemas en matemáticas saltan las alarmas, pero en esta ocasión no quiero que temas este tipo de ejercicios. Todos los ejercicios de optimización siguen el mismo patrón. En todos ellos encontraremos una frase, que llamaremos "función dato", y otra frase que se corresponde con nuestra función a optimizar.

Anteriormente, hemos visto cómo realizar el cálculo de los máximos y mínimos de una función, era algo bastante sencillo, pues te doy la buena noticia de que este tipo de problemas se basan en eso: calcular los máximos o los mínimos de una función. Por ello tenemos que estar muy atentos, leer bien el enunciado y tener claro si lo que me piden es un máximo o un mínimo.

La mejor manera de aprender el método infalible para resolver con éxito este tipo de problemas es haciendo uno. El enunciado ha sido extraído de un examen de acceso a la universidad de Andalucía y nos dice lo siguiente:

Una imprenta recibe un encargo para realizar una tarjeta rectangular con las siguientes características: la superficie rectangular que debe ocupar la zona impresa debe ser de 100 cm², el margen superior tiene que ser de 2 cm, el inferior de 3 cm y los laterales de 5 cm cada uno. Calcula, si es posible, las dimensiones que debe tener la tarjeta de forma que se utilice la menor cantidad de papel posible.

En este tipo de problema, en el que encontramos formas geométricas, te recomiendo que el primer paso que hagas sea dibujar. Una vez hecho el dibujo, este te ayudará mucho a determinar la función dato y la función a optimizar.

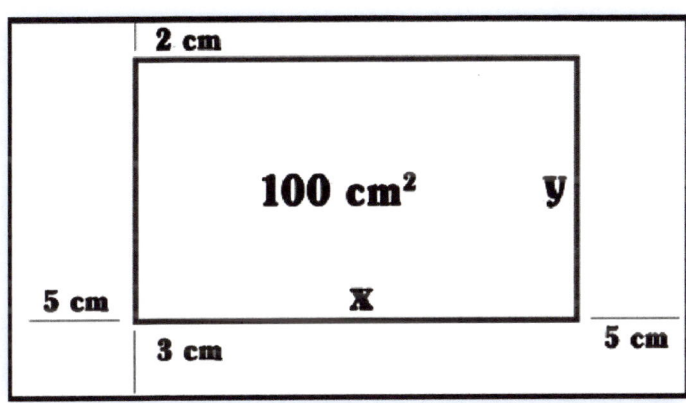

Una vez hemos dibujado, lo siguiente es releer el enunciado en búsqueda de las funciones.

La más fácil de identificar en el enunciado es la frase que nos ofrece la función dato:

"la superficie rectangular que debe ocupar la zona impresa debe ser de 100 cm²".

Por tanto, nuestra función dato es $x \cdot y = 100$.

Una vez tenemos identificada la función dato, es el momento de determinar nuestra función a optimizar. En este caso, nos piden que el área de papel a utilizar sea mínima. Una vez más nos fijamos en el dibujo que hemos realizado.

Nuestra tarjeta tiene las siguientes dimensiones:

- Ancho: $x + 5 + 5 \rightarrow x + 10$

- Alto: $y + 3 + 2 \rightarrow y + 5$

Llegados a este punto, la función a optimizar sería la siguiente:

$$f(x) = (x + 10) \cdot (y + 5)$$

Ya lo tenemos todo, solo nos queda hacer uso de la función dato, sustituir y realizar el estudio de la primera derivada.

Despejamos la variable "y":

$$x \cdot y = 100 \ \rightarrow y = \frac{100}{x}$$

Sustituimos en la función a optimizar:

$$f(x) = (x + 10) \cdot \left(\frac{100}{x} + 5\right) \ \rightarrow \ f(x) = 5x + \frac{1000}{x} + 1500$$

Una vez tenemos la función preparada, procedemos a derivar:

$$f'(x) = 5 - \frac{1000}{x^2}$$

Ha llegado el momento de hacer el estudio de la derivada primera, como hicimos en el apartado de máximos y mínimos:

$$f'(x) = 0$$

$$5 - \frac{1000}{x^2} = 0 \ \rightarrow \ 5 = \frac{1000}{x^2} \ \rightarrow \ 5x^2 = 1000$$

$$x^2 = 200 \ \rightarrow \ x = \sqrt{200} = 14{,}14$$

Al tratarse de una longitud, nos quedamos con la solución positiva de la raíz cuadrada.

Una vez tenemos el posible mínimo, es el momento de comprobarlo:

$$f'(x) = 5 - \frac{1000}{x^2}$$

$$f'(10) = 5 - \frac{1000}{10^2} = -5$$

$$f'(15) = 5 - \frac{1000}{x^2} = \frac{5}{9}$$

Puesto que, en el entorno del posible mínimo, a su izquierda la función decrece y posteriormente crece, podemos asegurar que en $x = 14,14$ la función presenta un mínimo.

Prácticamente hemos acabado, nos falta calcular el valor de "y":

$$y = \frac{100}{x} = \frac{100}{14,14} = 7,07$$

Solo nos queda redactar la solución final del ejercicio. Hay que tener mucho cuidado con el enunciado, ya que nos piden las dimensiones de la tarjeta y debemos responder aquello que nos preguntan.

La tarjeta que nos piden optimizar en el ejercicio tendrá las siguientes dimensiones:

- 14,14 + 5 + 5 = 24,14 cm de ancho.

- 7,07 + 2 + 3 = 12,07 cm de alto.

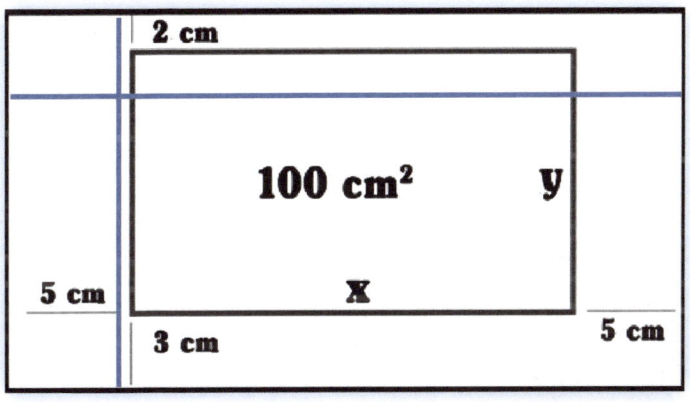

¿Qué te parece si hacemos un par de ejemplos más? Estoy convencido de que, si hacemos alguno más, te vendrá genial para terminar de dominar este tipo de ejercicios. Los tienes en el código QR.

Ya prácticamente hemos acabado la parte teórica de este capítulo, únicamente nos quedan dos sencillos teoremas. Este tipo de teoremas en una prueba de acceso a la universidad pueden aparecer a modo de pregunta teórica en la que se tenga que demostrar dicho teorema a través de una afirmación que nos digan en el enunciado.

El primero de ellos es el teorema de Rolle. La aplicación directa de este teorema es confirmar la existencia de un máximo o un mínimo en un intervalo dado. Las condiciones del teorema son las siguientes:

1. La función debe ser continua en el intervalo $[a, b]$.

2. Debe ser derivable en el intervalo (a, b).

3. Se tiene que cumplir que $f(a) = f(b)$.

Si cumple estas tres condiciones, podemos confirmar que existe un punto "c" perteneciente al intervalo (a, b) tal que $f'(c) = 0$.

$$\text{Existe un punto } c \in (a, b) \text{ tal que } f'(c) = 0$$

Y el segundo y último es el teorema del valor medio. Utilizaremos este teorema para demostrar la existencia de una recta tangente en un punto perteneciente al intervalo de extremos $[a, b]$, cuya pendiente coincide con la pendiente que forman los puntos del intervalo. Han de cumplirse las siguientes condiciones:

1. La función ha de ser continua en el intervalo $[a, b]$.

2. La función es derivable en el intervalo (a, b).

De este modo existirá un punto c perteneciente al intervalo (a, b) tal que:

$$f'(c) = \frac{f(b) - (a)}{b - a}$$

Ambos teoremas los encontraremos en los exámenes de acceso a la universidad como parte teórica en los que nos pedirán demostrar la existencia de un máximo o un mínimo o el valor de una pendiente específica. De cara a profundizar estos conceptos teóricos te propongo que veas el ejercicio que está en el código QR.

TOMA AQUÍ TUS NOTAS

EJERCICIOS DE PRUEBAS DE ACCESO A LA UNIVERSIDAD RESUELTOS

■ **Canarias 2023. Matemáticas II. Convocatoria ordinaria:**

Se quiere construir una Casa de la Juventud de 240 m² de superficie, que estará rodeada por una zona ajardinada con las dimensiones de la imagen. Si se quiere minimizar la superficie total de la zona ajardinada, ¿qué dimensiones debe tener la Casa de la Juventud? ¿Cuál es el área de la zona ajardinada?

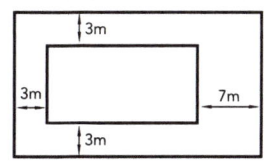

■ **Canarias 2022. Matemáticas II. Convocatoria ordinaria:**

1A. Resuelve los siguientes apartados:

a) Considera la función $f(x) = ax^3 + bx^2 + cx + d$.

Calcular los coeficientes a, b, c, d sabiendo que f tiene un extremo relativo en el punto $P(0,1)$ y su gráfica tiene un punto de inflexión $Q(1, -1)$.

Dar la expresión de la función $f(x)$.

■ **Extremadura 2022. Matemáticas II. Convocatoria extraordinaria:**

Hallar los puntos de inflexión de la gráfica de la función

$$f(x) = x - \ln(x^2 + 1).$$

■ **Comunidad Valenciana 2023. Matemáticas II. Convocatoria ordinaria:**

Problema 3. Se considera la función:

$$f(x) = \frac{x^2 + 2x - 15}{2x^2 - 3x - 2}$$

c) Los intervalos de crecimiento y decrecimiento.

d) Los máximos y mínimos locales, si existen.

■ **Cataluña 2023. Matemáticas II. Convocatoria ordinaria:**

Calcula los coeficientes a, b, c y d de la función $f(x) = ax^3 + bx^2 + cx + d$ si sabemos que la ecuación de la recta tangente a la gráfica de la función f en el punto de inflexión $(1, 0)$ es $y = -3x + 3$ y que la función tiene un extremo relativo en el punto de la gráfica de abscisa $x = 0$.

De cara a practicar te recomiendo que hagas los siguientes **ejercicios de repaso**:

1. Calcula la recta tangente a la función $f(x) = \sqrt{3x + 2}$ en el punto de abscisa $x = 3$.

2. Calcula las rectas tangentes a la función $f(x) = \dfrac{2x}{x - 1}$ que sean paralelas a la función $f(x) = -2x$.

3. Calcula los siguientes límites haciendo uso de la regla de L'Hôpital:

$$\lim_{x\to 0} \frac{1 - \cos x}{(e^x - 1)^2} \qquad\qquad \lim_{x\to 0} \frac{sen\ x}{x}$$

$$\lim_{x\to 0} \left(\frac{1}{x} - \frac{1}{sen\ x} \right) \qquad\qquad \lim_{x\to\infty} \frac{2x^2 - 1}{e^{2x}}$$

$$\lim_{x\to 1} \frac{x - 1}{\ln x} \qquad\qquad \lim_{x\to 0} \frac{e^x - 1}{x}$$

$$\lim_{x\to 0} \frac{3x}{sen\ (2x)} \qquad\qquad \lim_{x\to\infty} x^2 \cdot e^{-x}$$

$$\lim_{x\to 0} \frac{\cos x}{x} \qquad\qquad \lim_{x\to 0} \frac{e^x - e^{-x}}{sen\ x}$$

4. Determina los máximos, mínimos e intervalos de crecimiento de las siguientes funciones:

$$f(x) = x^4 - 2x^2 + 3 \qquad\qquad f(x) = \frac{x^2}{x - 2}$$

5. Estudia la curvatura y puntos de inflexión de las siguientes funciones:

$$f(x) = x^3 - 3x^2 - 24^x + 32 \qquad f(x) = \frac{x^3}{3} - 9x + 3$$

6. Se quiere construir un depósito abierto de base cuadrada y paredes verticales con capacidad para 13,5 m³. Para ello se dispone de una chapa de acero de grosor uniforme. Calcular las dimensiones del depósito para que el gasto en chapa sea el menor posible.

TOMA AQUÍ TUS NOTAS

6 REPRESENTACIÓN DE FUNCIONES

¿Alguna vez te has parado a pensar si en una fotografía o una obra de arte hay matemáticas? La respuesta es que sí. Existe la regla de los tercios en fotografía, que nos hace que componer la foto sea todo un arte y resulte agradable a la vista; además, tenemos la proporción aurea que también encontramos en muchas obras de arte. En este capítulo el artista vas a ser tú, pero, en vez de utilizar pinceles y lápices, vas a realizar gráficos en un lienzo que llamaremos ejes cartesianos, con números y coordenadas. Aprenderás que cada función va a tener una gráfica diferente e incluso va a tener un procedimiento distinto a la hora de realizar su dibujo. La buena noticia es que a estas alturas del libro ya dominas todos los procedimientos matemáticos que vamos a utilizar para representar las funciones. Concretamente, vamos a representar funciones polinómicas, racionales, irracionales, logarítmicas y exponenciales. Veremos cómo representar cada una de ellas paso a paso y de un modo muy sencillo

Antes de ponernos con la representación de funciones, tenemos que tratar un concepto que no hemos visto hasta el momento en el libro. Se trata de la **simetría de una función**. Quizás la palabra simetría te recuerda a asignaturas como plástica, dibujo técnico o incluso biología y te estés preguntando: "¿Qué hace esa palabra en matemáticas?". El caso es que tenemos funciones que son simétricas con respecto al eje y, mientras que otras serán simétricas con respecto al origen de coordenadas. Veamos los dos tipos de simetría.

TOMA AQUÍ TUS NOTAS

Una función presenta simetría par cuando es simétrica con respecto al eje y y se tiene que cumplir la siguiente condición:

$$f(x) = f(-x)$$

Veamos un ejemplo:

$$f(x) = x^4 + x^2 - 2$$

Sustituimos el valor "$-x$" en la función y comprobamos si son iguales:

$$f(-x) = (-x)^4 + (-x)^2 - 2 = x^4 + x^2 - 2$$

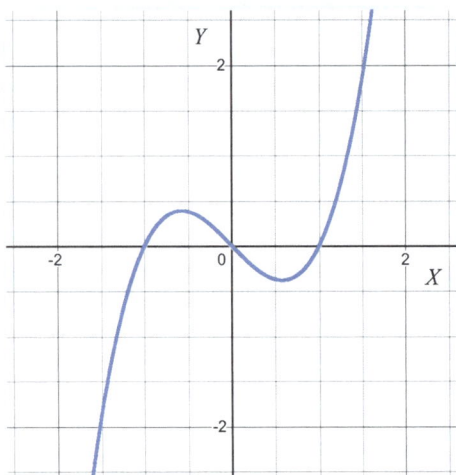

Puesto que $f(x)$ es igual a $f(-x)$ podemos afirmar que la función presenta simetría par.

El segundo tipo de simetría se le conoce como simetría impar. En esta ocasión, la función es simétrica con respecto al origen de coordenadas y debe cumplir la siguiente condición:

$$f(x) = -f(-x)$$

Es decir, los valores han de ser iguales, pero cambiados de signo.

Veamos un ejemplo:

$$f(x) = x^3 - x$$

Sustituimos en la función el valor "$-x$":

$$f(-x) = (-x)^3 - (-x) = -x^3 + x$$

Puesto que el resultado es el mismo, pero con los signos cambiados, se trata de una función que presenta simetría impar.

Si no se cumple ninguna de las dos, es que la función no tiene ningún tipo de simetría y por tanto:

$$f(x) \neq f(-x)$$

¿Qué te parece si hacemos un par de ejemplos y terminamos de afianzar estos conceptos? En el vídeo del código QR además te explico un truco que nunca falla para determinar el tipo de simetría, no te lo pierdas.

¿Recuerdas que en el capítulo de límites te decía que más adelante los íbamos a utilizar en las asíntotas? Pues ha llegado ese momento. Vamos a aprender cómo calcular las **asíntotas de una función**.

Hay tres tipos de asíntotas: asíntotas verticales, horizontales y oblicuas. Podemos encontrar funciones que tengan únicamente asíntota horizontal, otras tendrán vertical y oblicua o bien vertical y horizontal, pero lo que nunca vamos a encontrar es una función que tenga asíntota horizontal y oblicua.

Si una función presenta asíntota horizontal imposibilita la existencia de asíntota oblicua, pero, si la función en cuestión no tiene asíntota horizontal, permite la posibilidad de que exista una asíntota oblicua y, por tanto, tendríamos que estudiarla.

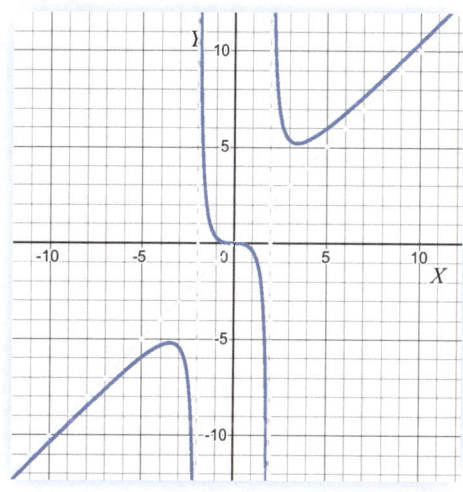

Bien, pero ¿qué es una asíntota? Es una línea imaginaria a la que una función se acerca mucho, pero nunca toca. En la imagen podemos ver ejemplo de asíntota vertical y oblicua.

Antes de nada, hay que tener en cuenta que no todas las funciones van a tener asíntotas. Principalmente las vamos a estudiar en funciones racionales. Al final de este apartado, veremos algún caso especial en el que tenemos una función racional camuflada en el enunciado, pero, antes, empecemos por la asíntota vertical.

Las asíntotas verticales las encontramos principalmente en funciones racionales, logarítmicas y trigonométricas. Son rectas del tipo $x = a$. Su existencia está ligada a los puntos donde no existe el dominio de la función. Veamos al caso de una función racional.

Si la función que nos mandan a analizar es una función racional:

$$f(x) = \frac{x}{x^2 - 4}$$

Lo primero que hacemos es analizar el dominio de la función, que resulta ser:

$$Dom\ f(x) = \mathbb{R} - \{-2, 2\}$$

Ya sabemos que en $x = -2$ y en $x = 2$ hay una asíntota vertical. Lo único que nos queda es analizar el entorno de esos puntos mediante límites laterales. Recuerda que, al sustituir esos valores en el límite de la función, nos resulta una indeterminación. El resultado de esa indeterminación nos dirá hacia dónde se dirige la función tanto a la derecha como a la izquierda del punto y tendremos analizado el entorno de la asíntota vertical.

Empecemos por el punto $x = -2$:

$$\lim_{x \to -2^-} \frac{x}{x^2 - 4} = \frac{-}{+} = -\infty$$

$$\lim_{x \to -2^+} \frac{x}{x^2 - 4} = \frac{-}{-} = +\infty$$

Ya sabemos que a la izquierda de $x = -2$ la función tiende a menos infinito, al contrario que a la derecha de $x = -2$, donde la función tiende a más infinito. Este estudio es necesario realizarlo en las asíntotas de una función, ya que tenemos que indicar el comportamiento de la función en las inmediaciones de la asíntota.

Nos queda por estudiar el punto $x = 2$:

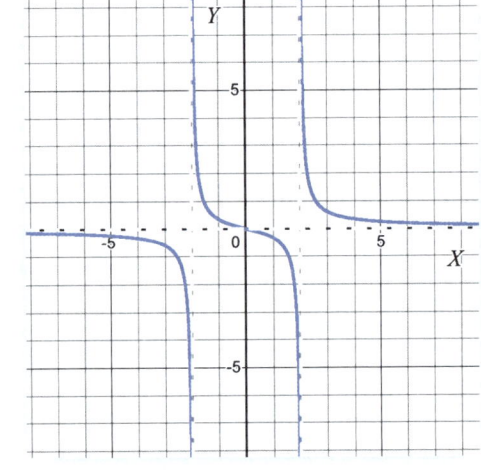

$$\lim_{x \to 2^-} \frac{x}{x^2 - 4} = \frac{+}{-} = -\infty$$

$$\lim_{x \to 2^+} \frac{x}{x^2 - 4} = \frac{+}{+} = +\infty$$

Una vez que ya tenemos estudiado el entorno de ambos puntos, podemos afirmar que la función presenta asíntota vertical en: $x = -2$ y $x = 2$.

Una función tendrá tantas asíntotas verticales como puntos en los que no exista el dominio de la función.

Ha llegado el momento de analizar la asíntota horizontal. Las asíntotas horizontales son rectas del tipo $y = a$. Para comprobar la existencia de la asíntota horizontal, lo que tenemos que hacer es el límite de la función en el infinito, tanto en el positivo como en el negativo. Si el valor de este límite es un valor distinto a $\pm\infty$, la función tendrá una asíntota horizontal en el valor que resulte del límite. Antes de comenzar con un ejemplo práctico, quiero contaros un truco para saber de antemano si la función tendrá asíntota horizontal en una función racional compuesta por polinomios, tanto en el numerador como en el denominador. La función tendrá asíntota horizontal si el grado del denominador es mayor o igual que el grado del numerador.

Veámoslo en el ejemplo anterior:

$$f(x) = \frac{x}{x^2 - 4}$$

$$\lim_{x\to+\infty} \frac{x}{x^2 - 4} = \frac{\infty}{\infty} \rightarrow \lim_{x\to+\infty} \frac{x}{x^2 - 4} = 0$$

$$\lim_{x\to-\infty} \frac{x}{x^2 - 4} = \frac{\infty}{\infty} \rightarrow \lim_{x\to-\infty} \frac{x}{x^2 - 4} = 0$$

A la vista de los resultados, podemos afirmar que la función tiene una asíntota horizontal en $y = 0$.

Además, podemos asegurar que la función que hemos estudiado no presenta asíntota oblicua, ya que tiene asíntota horizontal.

Para acabar este apartado de asíntotas, nos queda estudiar la asíntota oblicua. Este tipo de asíntota la vamos a encontrar en funciones racionales formadas por polinomios tanto en el numerador como en el denominador. Hay un truco que nunca falla: si la función consta de dos polinomios y el grado del polinomio del numerador es única y exclusivamente una unidad mayor que el denominador, habrá asíntota oblicua.

La asíntota oblicua es del tipo: $y = mx + n$. Tanto m como n se calculan mediante límites:

$$m = \lim_{x\to\infty} \frac{f(x)}{x}$$

$$n = \lim_{x\to\infty} f(x) - mx$$

Veamos cómo se hace con un ejemplo práctico:

$$f(x) = \frac{x^3 + x^2 - 3}{x^2 - 4}$$

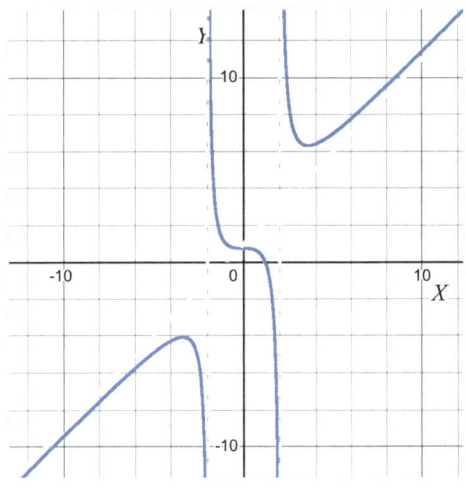

$$m = \lim_{x \to \infty} \frac{\dfrac{x^3 + x^2 - 3}{x^2 - 4}}{x} = \lim_{x \to \infty} \frac{x^3 + x^2 - 3}{x^3 + 4x} = 1$$

$$n = \lim_{x \to \infty} \frac{x^3 + x^2 - 3}{x^2 - 4} - x = \lim_{x \to \infty} \frac{x^2 + 4x - 3}{x^2 + 1} = 1$$

De esta manera, una vez calculados los límites, podemos afirmar que la función presenta asíntota oblicua en la recta $y = x + 1$, tal y como podemos apreciar en la imagen.

No puede faltar un vídeo en el que haga una explicación sobre las asíntotas. En esta ocasión, el vídeo del código QR tendrá ejemplos de todos los tipos de asíntotas y analizaré el caso de una función logarítmica y cómo analizar su asíntota vertical. No te lo pierdas, que te servirá de ayuda.

TOMA AQUÍ TUS NOTAS

Ya estamos en condiciones de representar cualquier tipo de función. Cada gráfica tiene un guion específico con los pasos a seguir para representarla. Si sigues los pasos que te indico, conseguirás realizar el estudio completo de la función y acabar dibujando su gráfica.

Empezamos por las más sencillas: las **funciones polinómicas**. Los pasos a seguir para representarla son los siguientes:

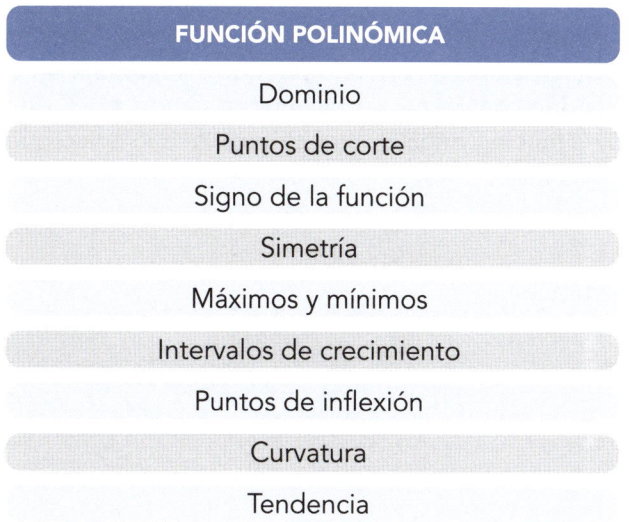

FUNCIÓN POLINÓMICA
Dominio
Puntos de corte
Signo de la función
Simetría
Máximos y mínimos
Intervalos de crecimiento
Puntos de inflexión
Curvatura
Tendencia

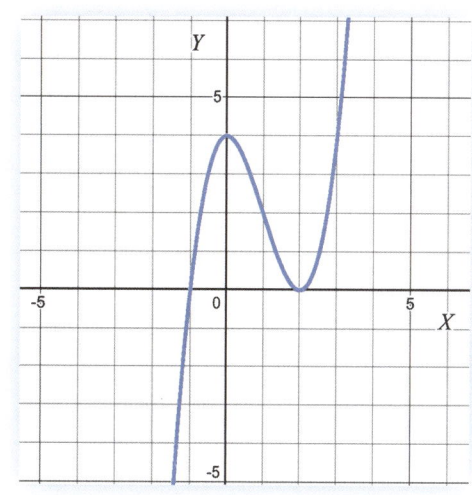

Realicemos el estudio de la función: $f(x) = x^3 - 3x^2 + 4$.

Dominio: al tratarse de una función polinómica, su dominio es todos los números reales:

$$Dom\ f(x) = \mathbb{R}$$

Puntos de corte: los puntos de corte los dividimos en dos, corte con el "eje x" y corte con el "eje y". Los puntos de corte con el "eje x" los calculamos igualando la función original a cero, ya que buscamos en qué valores de la "x" la variable "y" toma el valor "0".

$$f(x) = 0$$

$$x^3 - 3x^2 + 4 = 0 \quad \rightarrow \begin{cases} x = -1 \\ x = 2 \end{cases}$$

Corta al eje x en los puntos $(-1, 0)$ y $(2, 0)$.

En el caso del "eje y" únicamente podemos encontrar un punto y los calcularemos obligando a que la variable x tome el valor 0, es decir, sustituimos la variable x por cero. O, lo que es lo mismo, calculamos $f(0)$:

$$f(0) = 0^3 - 0^2 + 4 = 4$$

Obtenemos que corta al eje y en punto $(0, 4)$.

Signo de la función: en este apartado lo que calculamos es en qué intervalos del dominio, la función es positiva o negativa. De cara a calcularlo nos ayudamos de los puntos de corte con el "eje x", ya que es en esos valores del dominio de la función donde puede haber cambios en cuanto al signo de la función. Únicamente tendremos que dar valores en la función original en el entorno de esos puntos anteriormente calculados.

En nuestro caso, la función corta al eje en los puntos $x = -1$ y $x = 2$. En esta ocasión, para analizar el signo, tenemos que darle a la función un valor a la izquierda de $x = -1$, por ejemplo, $x = -2$ (podrías elegir el que quieras siempre que se encuentre a la izquierda de $x = -1$), un valor que esté entre $x = -1$ y $x = 2$; en esta ocasión, $x = 0$ y finalmente un valor a la derecha de $x = 2$, que vendría siendo $x = 3$. Una vez los hemos elegido, solo nos queda sustituirlos en la función original. Os recuerdo que lo único que nos interesa es el signo que toma la función en ese intervalo:

$$f(-2) = (-2)^3 - (-2)^2 + 4 = -8 \ \rightarrow Negativa$$

$$f(0) = 0^3 - 0^2 + 4 = 4 \ \rightarrow Positiva$$

$$f(3) = (3)^3 - (3)^2 + 4 = 22 \ \rightarrow Positiva$$

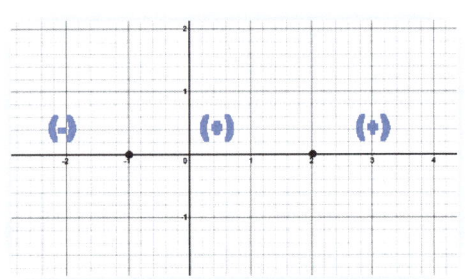

Ahora es el momento de expresarlo en intervalos:

$$Signo \ f(x) = \begin{cases} Negativa \ (-\infty, -1) \\ Positiva \ (-1, +\infty) \end{cases}$$

Máximos y mínimos: ha llegado el momento de realizar el estudio de la derivada primera. Como hemos visto anteriormente en el libro, es tan sencillo como derivar la función, igualarla a cero y resolver:

$$f(x) = x^3 - 3x^2 + 4$$

$$f'(x) = 3x^2 - 6x$$

$$3x^2 - 6x = 0 \ \rightarrow \begin{cases} x = 0 \\ x = 2 \end{cases}$$

Los posibles puntos donde tenemos máximo y mínimo son $x = 0$ y $x = 2$. Para determinarlo, comprobamos el valor de la pendiente de la recta tangente en el entorno de los valores obtenidos. Si el valor de la derivada en el punto que elijamos es positivo, la función crece y, si es negativo, decrece. Para que sea un máximo, a la izquierda de ese punto la función debe crecer e inmediatamente después decrecer, al contrario que el mínimo, en el que a la izquierda la función decrece y después crece. Comprobemos con nuestro ejemplo:

$$f'(-1) = 3 \cdot (-1)^2 - 6 \cdot (-1) = 9 \ \rightarrow Crece$$

$$f'(1) = 3 \cdot (1)^2 - 6 \cdot (1) = -3 \ \rightarrow Decrece$$

$$f'(3) = 3 \cdot (3)^2 - 6 \cdot (3) = 9 \rightarrow Crece$$

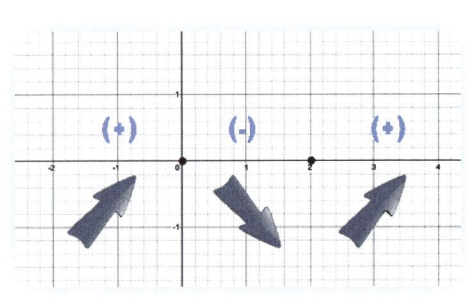

Con un simple vistazo, podemos comprobar que en $x = 0$ hay un máximo y en $x = 2$ hay un mínimo. Lo único que nos falta es calcular la imagen de esos valores de la x o, lo que es lo mismo, cuánto vale la variable y. De esta manera, lo que hacemos es sustituir $x = 0$ y $x = 2$ en la función original:

$$f(x) = x^3 - 3x^2 + 4$$

$$f(0) = 0^3 - 0^2 + 4 = 4$$

$$f(2) = (2)^3 - 3 \cdot (2)^2 + 4 = 0$$

La función tiene un máximo en el punto $(0, 4)$ y un mínimo en el punto $(2, 0)$.

Intervalos de crecimiento: este apartado es muy sencillo. Una vez que ya hemos hecho el estudio de los máximos y los mínimos, únicamente nos tenemos que fijar en los signos que toma la derivada primera en el entorno del máximo y del mínimo.

De esta manera, la función crece en el intervalo: $(-\infty, 0] \cup [2, \infty)$, ya que el valor de la derivada es positivo y decrece en el intervalo $(0, 2)$ por ser negativo el valor de la primera derivada.

Ya prácticamente hemos acabado, nos queda el apartado referente a los **puntos de inflexión** y la **curvatura de la función.** En este apartado, nos vamos a centrar en el estudio de la derivada segunda, que, aunque tiene un nombre un poco feo, es tan sencillo como volver a derivar la derivada primera:

$$f(x) = x^3 - 3x^2 + 4$$

$$f'(x) = 3x^2 - 6x$$

$$f''(x) = 6x - 6$$

Una vez hemos realizado la segunda derivada, hacemos el mismo procedimiento que en los máximos y mínimos, igualar la segunda derivada a cero y resolver la ecuación. Los puntos que nos resulten serán los posibles puntos de inflexión. Para comprobar su existencia, lo determinaremos haciendo un estudio de la curvatura a ambos lados del punto de inflexión. ¡Vamos a ello!

$$f''(x) = 0$$

$$6x - 6 = 0. \rightarrow \ x = 1$$

En $x = 1$ hay un posible punto de inflexión. ¿Qué hacemos ahora? Muy sencillo, damos valores a la izquierda y la derecha de ese punto en la derivada segunda. El signo que resulte de los valores que le demos a la derivada segunda determinará la curvatura en ese intervalo. Si a la izquierda del posible punto de inflexión el signo de la derivada segunda es diferente al valor obtenido a la derecha, podemos confirmar que tenemos un punto de inflexión puesto que la curvatura cambia:

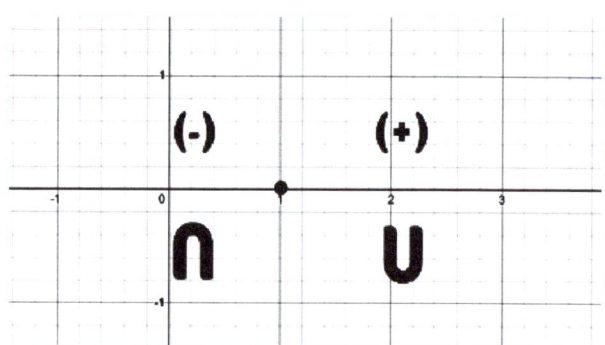

$$f''(x) = 6x - 6$$

$$f''(0) = 6 \cdot 0 - 6 = -6 \quad \rightarrow Negativa$$

$$f''(2) = 6 \cdot 2 - 6 = 12 \quad \rightarrow Positiva$$

En este caso, al tener signos diferentes, podemos confirmar que en $x = 1$ hay un punto de inflexión, nos quedaría únicamente calcular su imagen sustituyendo el valor obtenido en la función original:

$$f(1) = 1^3 - 3 \cdot 1^2 + 4 = 2$$

El punto de inflexión se encuentra en el punto $(1, 2)$.

En cuanto a la curvatura, es tan sencillo como fijarnos en el signo de la derivada segunda.

Si el signo de la derivada segunda es negativo, la función en este intervalo será convexa ∩ y, por el contrario, si el signo de la derivada segunda es positivo, la función será cóncava ∪. A la luz de los resultados obtenidos anteriormente, podemos confirmar los intervalos de curvatura.

La función es convexa ∩ en el intervalo $(-\infty, 1)$ y cóncava ∪ en el intervalo $(1, +\infty)$. Siempre hay que acompañar con los signos ∩ y ∪ nuestros resultados en lo referente a los intervalos de curvatura.

Y, por último, para acabar el estudio completo de la función, nos queda la tendencia de la función. Se trata de hacer los límites en el infinito de la función, tanto en el positivo como en el negativo. Este apartado nos aporta información sobre el comportamiento de la función en los extremos del "eje x":

$$\lim_{x \to \infty} x^3 - 3x^2 + 4 = +\infty$$

$$\lim_{x \to -\infty} x^3 - 3x^2 + 4 = -\infty$$

Para acabar con el estudio, lo único que nos queda por hacer es trasladar los resultados obtenidos a un eje de coordenadas y así poder representar la función.

Es muy difícil que en una prueba de acceso a la universidad te encuentres un ejercicio con el estudio completo de una función, pero sí que es cierto que te encontrarás con alguno de los apartados anteriores.

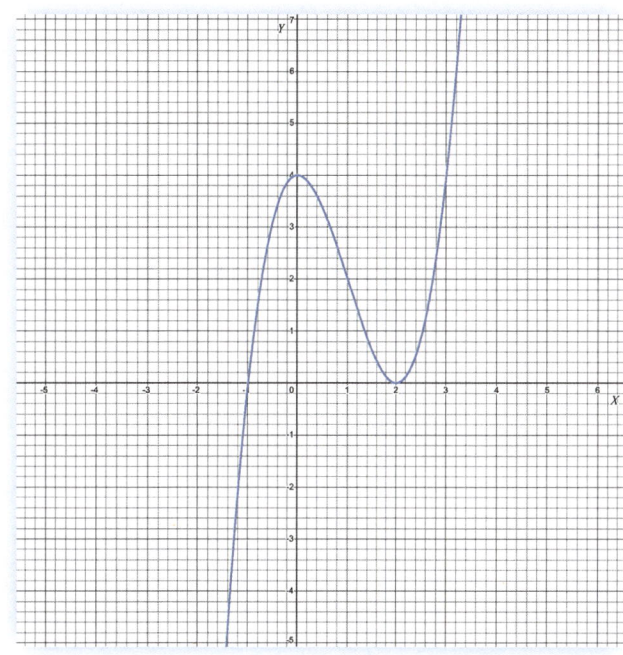

De cara a afianzar los contenidos aprendidos, en el código QR tienes un vídeo con el estudio completo de una función polinómica y su representación gráfica con todos los pasos explicados detalladamente.

Ha llegado el momento de abordar el segundo tipo de funciones más frecuentes en los exámenes: las **funciones racionales**. Son fáciles de identificar, ya que tienen un polinomio en el denominador. Los pasos a seguir en la representación de una función racional son los siguientes:

FUNCIÓN POLINÓMICA
Dominio
Puntos de corte
Signo de la función
Simetría
Asíntotas
Máximos y mínimos
Intervalos de crecimiento
Puntos de inflexión
Curvatura
Tendencia

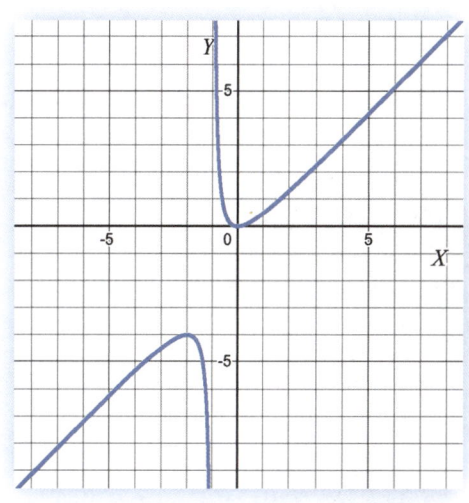

Haremos el análisis completo, paso a paso, de la función $f(x) = \dfrac{x^2}{x+1}$.

Dominio: al tratarse de una función racional, para calcular su dominio tendremos que comprobar qué valores de x anulan el denominador:

$$x + 1 = 0 \;\rightarrow x = -1$$

El dominio de $f(x) = \mathbb{R} - \{-1\}$.

De ahora en adelante, este valor es importante recordarlo y tenerlo en cuenta para el estudio del signo de la función, de los máximos, mínimos y de la curvatura de la función. Además, ya sabemos que en este valor tenemos que estudiar la asíntota vertical.

Puntos de corte: analizamos los puntos de corte, si los tuviera, en ambos ejes de coordenadas.

Corte con el eje x: obligamos a $f(x)$ tomar el valor 0:

$$f(x) = 0$$

$$\frac{x^2}{x+1} = 0 \;\rightarrow\; x^2 = 0 \rightarrow\; x = 0$$

Corta al eje x en el punto $(0, 0)$.

Corte con el eje y: en esta ocasión obligamos a que la variable x tome el valor 0:

$$f(0) = \frac{0^2}{0+1} = 0$$

Corta al eje y en el punto $(0, 0)$.

Signo de la función: para analizar el signo de la función tenemos que tener en cuenta tanto el punto de corte del eje x como el valor que anula el denominador. El procedimiento consiste en dar valores a $f(x)$ en el entorno de ambos puntos para así comprobar el signo de la función:

$$f(-2) = \frac{(-2)^2}{-2+1} = \frac{+}{-} = Negativo$$

$$f\left(-\frac{1}{2}\right) = \frac{\left(-\frac{1}{2}\right)^2}{-\frac{1}{2}+1} = \frac{+}{+} = Positivo$$

$$f(1) = \frac{1^2}{1+1} = \frac{+}{+} = Positivo$$

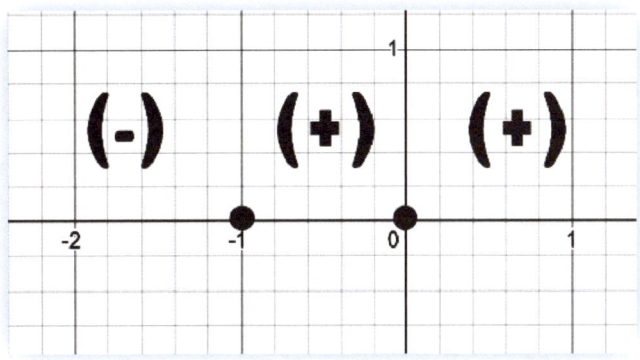

La función es negativa en el intervalo $(-\infty, -1)$ y positiva en el intervalo $(-1, +\infty)$.

Simetría: comprobamos el resultado de sustituir $f(x)$ y $f(-x)$:

$$f(x) = \frac{x^2}{x+1}$$

$$f(-x) = \frac{(-x)^2}{-x+1} = \frac{x^2}{-x+1}$$

A la luz de los resultados, la función no presenta simetría. Si, por un casual, hubiesen cambiado todos los signos del denominador, hubiese sido simetría impar, pero, al solo cambiar uno, estamos en el caso que no presenta simetría.

Asíntotas: desde el momento en el que hacemos el dominio de la función y obtenemos un valor que anula el denominador, ya sabemos que en ese valor (o valores) vamos a tener una asíntota vertical. Es decir, las vamos a buscar en donde el denominador se anula.

Asíntota vertical: es necesario estudiar el entorno de la asíntota vertical en los puntos obtenidos. Para ello, analizamos el signo de los límites laterales para saber si en el entorno de la asíntota la función tiende a $+\infty$ o $-\infty$:

$$\lim_{x \to -1^-} \frac{(-1^-)^2}{-1^- + 1} = \frac{+}{-} = -\infty$$

$$\lim_{x \to -1^+} \frac{(-1^+)^2}{-1^+ + 1} = \frac{+}{+} + \infty$$

Una vez acabada la asíntota vertical, es el momento de comprobar si tiene asíntota horizontal:

$$\lim_{x \to \infty} \frac{x^2}{x+1} = +\infty$$

$$\lim_{x \to -\infty} \frac{x^2}{x+1} = -\infty$$

Al resultar $\pm\infty$ la función no presenta asíntota horizontal, de tal manera que es necesario comprobar si la función tiene asíntota oblicua del tipo $y = mx + n$:

$$m = \lim_{x \to \infty} \frac{\frac{x^2}{x+1}}{x} = \lim_{x \to \infty} \frac{x^2}{x^2+x} = 1$$

$$n = \lim_{x \to \infty} \frac{x^2}{x+1} - x = \lim_{x \to \infty} \frac{-x}{x+1} = -1$$

De este modo, la función tiene asíntota oblicua $y = x - 1$.

Máximos y mínimos: ha llegado el momento de hacer el estudio de la primera derivada, que no solo nos dará información de los extremos relativos, sino también de los intervalos de crecimiento:

$$f(x) = \frac{x^2}{x+1} \rightarrow f'(x) = \frac{x^2+2x}{(x+1)^2}$$

$$f'(x) = 0 \rightarrow \frac{x^2+2x}{(x+1)^2} = 0 \rightarrow x^2+2x = 0$$

TOMA AQUÍ TUS NOTAS

Obtenemos dos resultados $x = 0$ y $x = -2$, que son los posibles valores de la variable x en los que encontraremos los máximos y los mínimos. A la hora de hacer el análisis del signo en el entorno de estos valores hay que tener en cuenta la asíntota vertical:

$$f'(-3) = \frac{(-3)^2 + 2(-3)}{(-3+1)^2} = \frac{+}{+} = Positivo$$

$$f'\left(\frac{-3}{2}\right) = \frac{(\frac{-3}{2})^2 + 2(\frac{-3}{2})}{\left(\frac{-3}{2}+1\right)^2} = \frac{-}{+} = Negativo$$

$$f'\left(\frac{-1}{2}\right) = \frac{(\frac{-1}{2})^2 + 2(\frac{-1}{2})}{\left(\frac{-1}{2}+1\right)^2} = \frac{-}{+} = Negativo$$

$$f'(1) = \frac{(1)^2 + 2(1)}{(1+1)^2} = \frac{+}{+} = Positivo$$

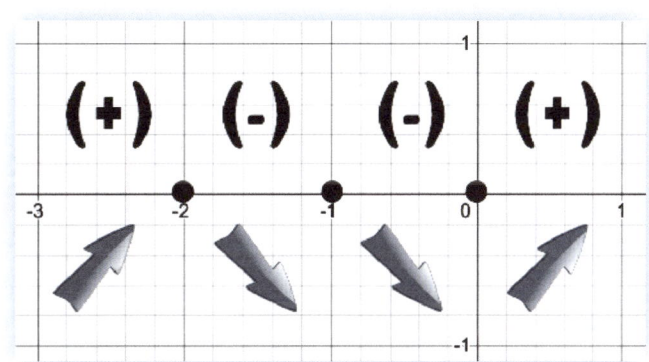

Con la ayuda del gráfico de las flechas logrado tras comprobar el signo de la derivada en el entorno de los puntos obtenidos y la asíntota vertical, podemos afirmar que en $x = 2$ hay un máximo. Únicamente nos queda calcular su imagen, sustituyendo este valor en la función original:

$$f(-2) = \frac{(-2)^2}{(-2)+1} = \frac{4}{-1} = -4$$

La función tiene un máximo en el punto $(-2, -4)$.

En cuanto al mínimo, a simple vista podemos afirmar que la función tiene un mínimo en el punto $x = 0$ y tan solo nos queda calcular su imagen:

$$f(0) = \frac{(0)^2}{(0)+1} = \frac{0}{1} = 0$$

Podemos afirmar que la función tiene un mínimo en el punto $(0, 0)$.

El mismo gráfico nos permite determinar los intervalos de crecimiento con tan solo ver las flechas resultantes del signo que toma la función en la derivada primera.

La función es creciente en el intervalo $(-\infty, -2] \cup [0, +\infty)$ y decreciente en $(-2, -1] \cup [-1, 0)$.

Es el momento de comenzar el análisis de la segunda derivada. En esta ocasión, obtendremos información sobre los puntos de inflexión y los intervalos de curvatura. Al igual que en apartados anteriores, es muy importante que tengamos en cuenta la asíntota vertical a la hora de analizar los signos de la segunda derivada:

$$f(x) = \frac{x^2}{x + 1} \to f'(x) = \frac{x^2 + 2x}{(x + 1)^2} \to f''(x) = \frac{2x + 2}{(x + 1)^4}$$

$$f''(x) = 0 \to \frac{2x + 2}{(x + 1)^4} = 0 \to 2x + 2 = 0$$

El posible punto de inflexión es $x = -1$. En esta ocasión, al ser $x = -1$ un valor que no está contemplado en el dominio de la función, podemos afirmar que la función no presenta puntos de inflexión.

Nos queda únicamente estudiar la curvatura. En el ejemplo que estamos tratando, el punto donde la derivada segunda se anula y el valor de x de la asíntota vertical coinciden, por lo que únicamente tenemos que analizar la curvatura en el entorno de $x = -1$.

$$f''(-2) = \frac{2(-2) + 2}{(-2 + 1)^4} = \frac{-}{+} = Negativo$$

$$f''(0) = \frac{2(0) + 2}{(0 + 1)^4} = \frac{+}{+} = Positivo$$

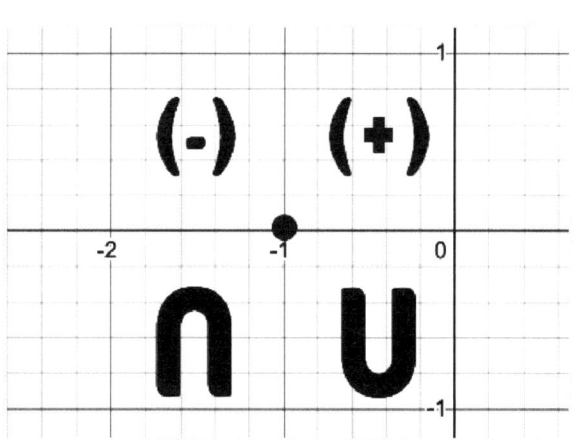

Tras realizar el estudio del signo de la derivada segunda, podemos afirmar que la función es convexa ∩ en el intervalo $(-\infty, -1)$ y cóncava ∪ en el intervalo $(-1, +\infty)$.

Para acabar el estudio, nos queda únicamente comprobar la tendencia de la función. Para ello, nos ayudaremos de los límites en el infinito que hicimos en el apartado de la asíntota horizontal:

$$\lim_{x \to \infty} \frac{x^2}{x+1} = +\infty$$

$$\lim_{x \to -\infty} \frac{x^2}{x+1} = -\infty$$

Podemos concluir que la función tiende a infinito según los valores de x tienden a infinito y tiende a menos infinito según los valores de x tienden a menos infinito.

Lo único que nos queda por hacer es representar los resultados obtenidos en un eje de coordenadas obteniendo la gráfica de la función estudiada, tal y como muestra la imagen.

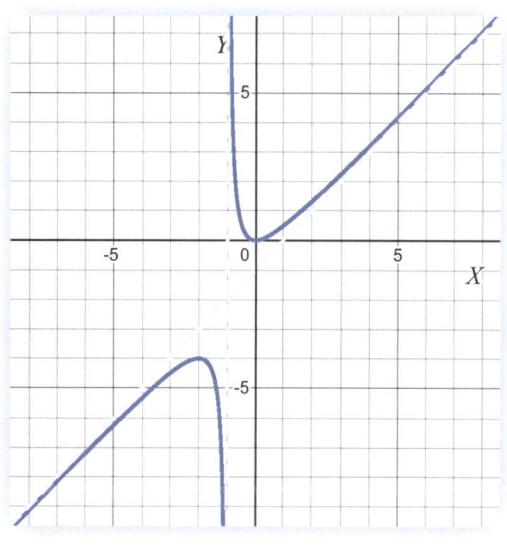

¿Qué te parece si hacemos otro ejemplo en un vídeo? Tienes en el código QR un ejemplo más con una función un tanto peculiar. No te lo pierdas.

TOMA AQUÍ TUS NOTAS

Es el momento de pasar a las **funciones irracionales**, aquellas que su expresión matemática es una raíz. Son más fáciles de representar y algunos de los pasos a seguir se simplifican mucho.

FUNCIÓN IRRACIONAL
Dominio
Puntos de corte
Signo de la función
Simetría
Asíntotas
Máximos y mínimos
Intervalos de crecimiento
Puntos de inflexión
Curvatura
Tendencia

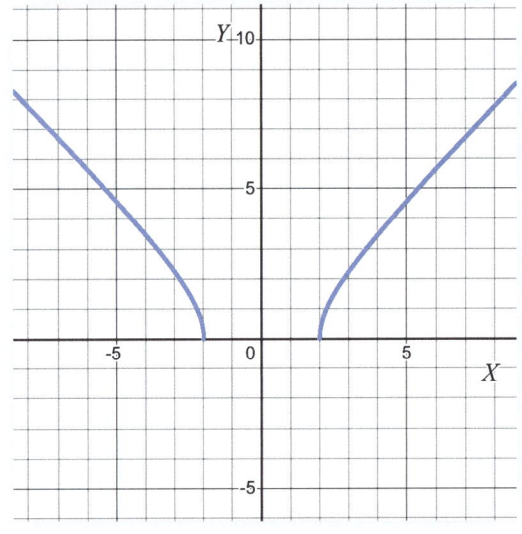

En esta ocasión, vamos a hacer el estudio completo de la función $f(x) = \sqrt{x^2 - 4}$.

Dominio: al tratarse de una función irracional su dominio se corresponde cuando:

$$x^2 - 4 \geq 0 \rightarrow x^2 \geq 4$$

Una vez realizada la inecuación, la solución de esta coincide con el dominio de la función que serán los valores de x pertenecientes al intervalo $(-\infty, -2] \cup [2, +\infty)$.

Una vez tenemos hecho el dominio, nos damos cuenta de que, en lo que se refiere a los puntos de corte con los ejes, la función no cortará al eje y, ya que el valor de $x = 0$ no se encuentra en el dominio de la función, de tal manera que nos queda calcular los puntos de corte con el eje x:

$$f(x) = 0$$

$$\sqrt{x^2 - 4} = 0 \rightarrow x^2 - 4 = 0 \rightarrow x^2 = 4$$

La solución es $x = -2$ y $x = 2$, que serán los puntos de corte con el eje x.

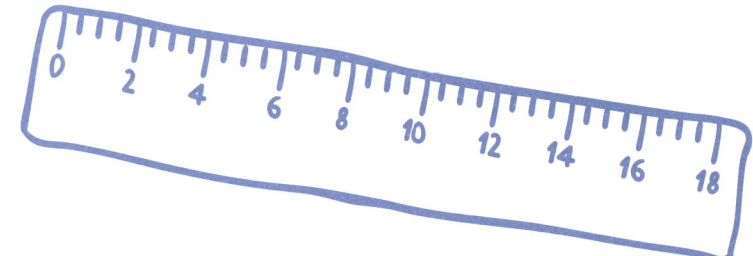

Con los puntos de corte del eje x ya calculados, pasamos a determinar el signo de la función. Descartamos el intervalo $(-2, 2)$ ya que no está incluido en el dominio de la función:

$$f(x) = \sqrt{x^2 - 4}$$

$$f(-3) = \sqrt{(-3)^2 - 4} = Positivo$$

$$f(3) = \sqrt{3^2 - 4} = Positivo$$

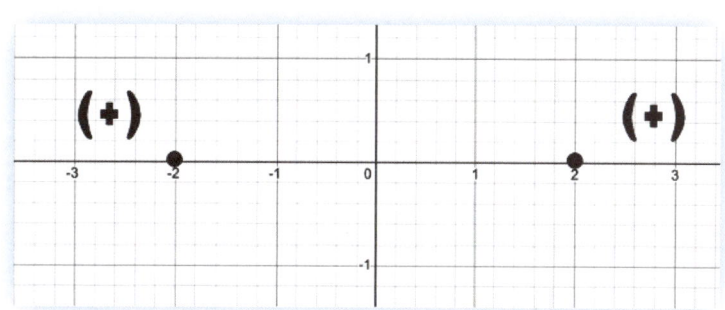

Ha llegado el momento de pasar a la simetría:

$$f(x) = \sqrt{x^2 - 4}$$

$$f(-x) = \sqrt{(-x)^2 - 4} = \sqrt{x^2 - 4}$$

Puesto que ambas son iguales, es decir, $f(x) = f(-x)$, la función tiene simetría par.

En cuanto a las asíntotas, nos encontramos en un caso peculiar. Os recomiendo siempre hacer el estudio completo de las asíntotas, ya que, aunque la función no sea racional, podemos encontrar asíntotas en otro tipo de funciones.

Asíntota vertical: no tiene asíntota vertical ya que no tiene denominador.

Asíntota horizontal:

$$\lim_{x \to -\infty} \sqrt{x^2 - 4} = +\infty$$

$$\lim_{x \to +\infty} \sqrt{x^2 - 4} = +\infty$$

A la luz de los resultados, la función no tiene asíntota horizontal.

Pasemos a estudiar la asíntota oblicua, $y = mx + n$:

$$m = \lim_{x \to +\infty} \frac{\sqrt{x^2 - 4}}{x} = \pm 1$$

$$n = \lim_{x \to +\infty} \sqrt{x^2 - 4} - x = \infty - \infty \ IND$$

$$\lim_{x \to +\infty} \frac{(\sqrt{x^2 - 4} - x)(\sqrt{x^2 - 4} + x)}{\sqrt{x^2 - 4} + x} = \frac{-4}{\sqrt{x^2 - 4} + x} = 0$$

Podemos afirmar que la función tiene dos asíntotas oblicuas cuyas expresiones son:

$$y = -x \quad \text{y} \quad y = x$$

Es el momento de pasar al estudio de la primera derivada y comprobar la existencia de extremos relativos y los intervalos de crecimiento:

$$f(x) = \sqrt{x^2 - 4}$$

$$f'(x) = \frac{x}{\sqrt{x^2 - 4}}$$

$$f'(x) = 0 \rightarrow \frac{x}{\sqrt{x^2 - 4}} = 0 \rightarrow x = 0$$

El valor obtenido no se encuentra en el dominio de la función, por lo que la función no presenta ni máximos ni mínimos. Aun así, hay que determinar los intervalos de crecimiento; para ello, daremos valores en ambos intervalos de los dos que forman el dominio de la función:

$$f'(x) = \frac{x}{\sqrt{x^2 - 4}}$$

$$f'(-3) = \frac{-3}{\sqrt{(-3)^2 - 4}} = Negativo$$

$$f'(3) = \frac{3}{\sqrt{3^2 - 4}} = Positivo$$

De esta manera, la función decrece en el intervalo $(-\infty, -2]$ y crece en el intervalo $[2, +\infty)$.

TOMA AQUÍ TUS NOTAS

Ya tan solo nos queda hacer el estudio de la segunda derivada. Al no tener ni máximos ni mínimos, podemos asegurar que la función no tendrá puntos de inflexión, pero es necesario hacer el estudio de la curvatura:

$$f(x) = \sqrt{x^2 - 4} \;\rightarrow\; f'(x) = \frac{x}{\sqrt{x^2 - 4}}$$

$$f''(x) = \frac{-4}{(x^2 - 4)\sqrt{x^2 - 4}}$$

$$f''(-3) = \frac{-4}{((-3)^2 - 4)\sqrt{(-3)^2 - 4}} = \frac{-}{+} = Negativo$$

$$f''(3) = \frac{-4}{(3^2 - 4)\sqrt{3^2 - 4}} = \frac{-}{+} = Negativo$$

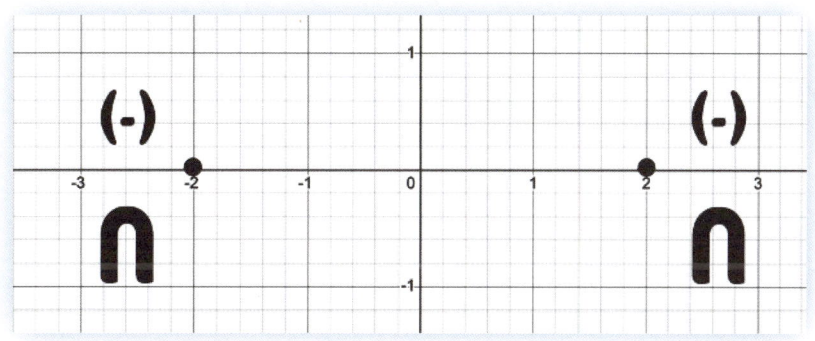

La función es convexa (∩) en el intervalo $(-\infty, -2] \cup [2, +\infty)$.

Por último, nos quedaría hacer el estudio de la tendencia de la función. Una vez más, nos ayudamos de los límites que hemos calculado en el apartado de la asíntota horizontal:

$$\lim_{x \to -\infty} \sqrt{x^2 - 4} = +\infty$$

$$\lim_{x \to +\infty} \sqrt{x^2 - 4} = +\infty$$

Finalmente, plasmamos toda la información que hemos calculado en un eje de coordenadas y obtenemos la gráfica de la función.

De cara a afianzar este tipo de funciones, tienes en el código QR un segundo ejemplo explicado paso a paso.

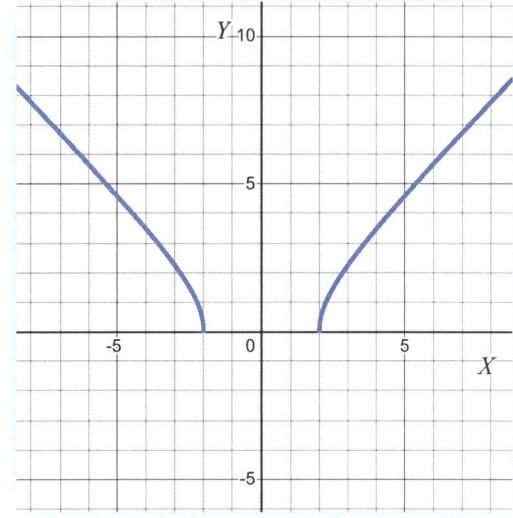

Ha llegado la hora de hacer el estudio de las **funciones exponenciales**. Se trata de algo muy sencillo en el que la labor se simplifica mucho, ya que hay pasos que no requieren tanto trabajo.

FUNCIÓN EXPONENCIAL
Dominio
Puntos de corte
Signo de la función
Simetría
Asíntotas
Máximos y mínimos
Intervalos de crecimiento
Puntos de inflexión
Curvatura
Tendencia

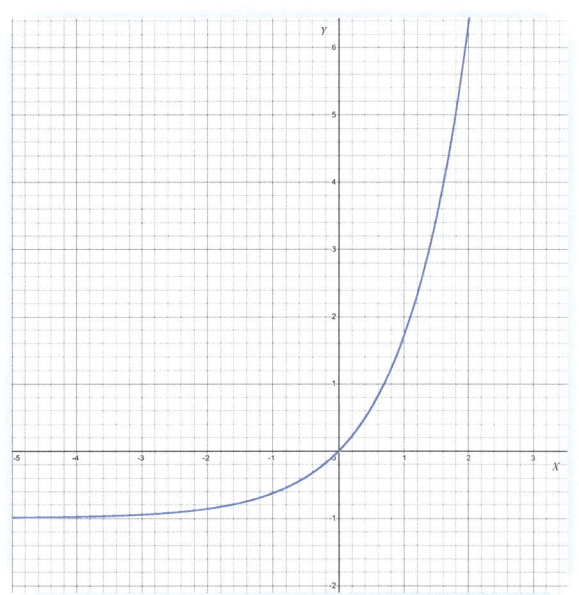

El análisis completo lo vamos a hacer de la función $f(x) = e^x - 1$.

Dominio: en las funciones exponenciales, el dominio siempre será todos los números reales, $\mathbb{R}$.

$$Dom\ f(x) = \mathbb{R}$$

En cuanto a los puntos de corte, los calculamos como en caso anteriores. Empezamos por el punto de corte con el eje x:

$$e^x - 1 = 0 \;\rightarrow\; e^x = 1 \;\rightarrow\; x = 0$$

A continuación, el punto de corte con el eje y:

$$f(0) = e^0 - 1 = 0$$

Corta a los ejes en el punto $(0, 0)$.

Una vez tenemos los puntos de corte con los ejes, llega el momento de analizar el signo de la función:

$$f(-1) = e^{-1} - 1 = Negativa$$

$$f(1) = e^1 - 1 = Positiva$$

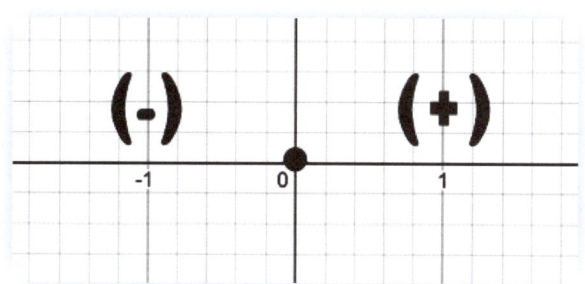

Simetría: las funciones exponenciales no suelen presentar simetría, aun así, lo comprobamos:

$$f(x) = e^x - 1$$

$$f(-x) = e^{-x} - 1$$

Como podemos observar, la función no presenta ningún tipo de simetría.

En cuanto a lo que asíntotas se refiere, las funciones exponenciales no van a presentar asíntotas verticales ni oblicuas. De tal modo que analizamos las asíntotas horizontales:

$$\lim_{x \to -\infty} e^x - 1 = e^{-\infty} - 1 = \frac{1}{e^{\infty}} - 1 = -1$$

$$\lim_{x \to \infty} e^x - 1 = \infty$$

Una vez realizados los límites, obtenemos que la función tiene asíntota horizontal en el semieje negativo cuya ecuación es $y = -1$.

Es el momento de realizar el estudio de la primera derivada. Las funciones exponenciales no tendrán extremos relativos, pero es necesario que hagamos el estudio para determinar los intervalos de crecimiento. Comprobémoslo:

$$f(x) = e^x - 1$$

$$f'(x) = e^x$$

$$f'(x) = 0 \;\rightarrow\; e^x = 0 \;\rightarrow\; No\ tiene\ solución$$

Lo que demuestra que no tiene ni máximos ni mínimos. De todos modos, utilizaremos la derivada primera para determinar los intervalos de crecimiento. Aunque las funciones exponenciales serán siempre crecientes o siempre decrecientes, es recomendable, cuando tengamos en nuestro estudio valores para los que corta el eje x, dar valores a la primera derivada en el entorno de los puntos obtenidos:

$$f'(-1) = e^{-1} = positivo$$

$$f'(1) = e^1 = positivo$$

Lo que confirma que la función es creciente en todo su dominio y, por tanto, será creciente en todos los números reales $\mathbb{R}$.

A continuación, haremos el estudio de la segunda derivada. Al igual que sucede con los máximos y los mínimos, las funciones exponenciales no tendrán puntos de inflexión y en cuanto a su curvatura serán cóncavas o convexas en todo su dominio.

Veámoslo:

$$f(x) = e^x - 1 \rightarrow \ f'(x) = e^x$$

$$f''(x) = e^x$$

$$f''(x) = 0 \rightarrow \ e^x = 0 \rightarrow No \ tiene \ solución$$

Analíticamente, podemos comprobar que no tendrá puntos de inflexión. Únicamente nos queda determinar la curvatura. Al igual que en el estudio de la primera derivada, si tenemos puntos de corte con el eje x es recomendable dar valores pertenecientes al entorno de los puntos obtenidos en la segunda derivada:

$$f''(-1) = e^{-1} = positivo$$

$$f''(1) = e^1 = positivo$$

De este modo la función será cóncava (∪) en todo su dominio.

Para acabar el estudio, nos queda analizar la tendencia y, una vez más, hacemos uso del estudio de la asíntota horizontal que hemos realizado previamente y así ahorrarnos trabajo:

$$\lim_{x \to -\infty} e^x - 1 = e^{-\infty} - 1 = \frac{1}{e^\infty} - 1 = -1$$

$$\lim_{x \to \infty} e^x - 1 = \infty$$

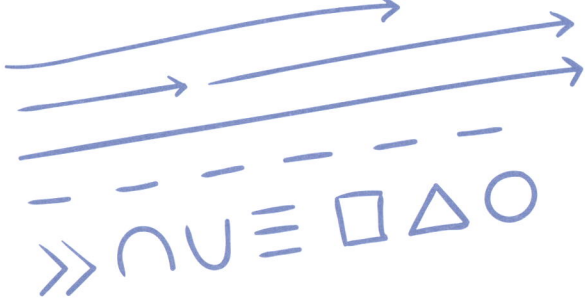

Es el momento de llevar la información obtenida en los ejes cartesianos para acabar el estudio y la representación de la función.

¿Hacemos otro ejemplo en un vídeo? Tienes en el código QR un ejemplo de una función exponencial con la que terminarás de dominar el estudio de este tipo de funciones. No te lo pierdas.

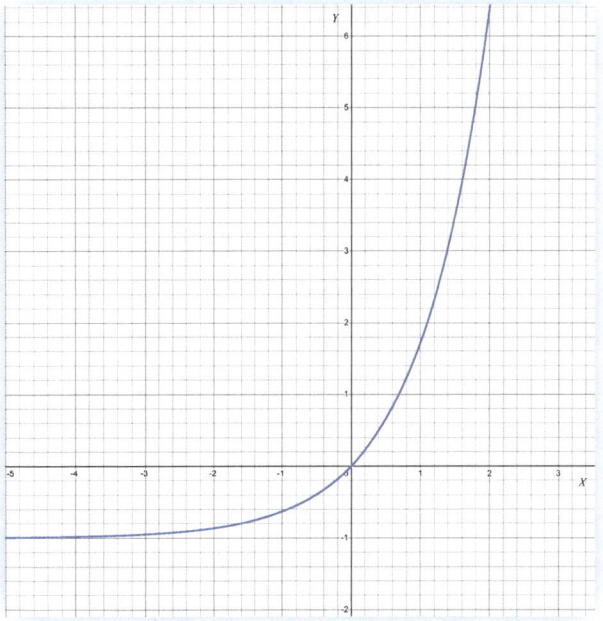

El siguiente tipo de funciones a analizar son las **funciones logarítmicas**. Al igual que las exponenciales, son muy sencillas de analizar y hay pasos que se simplifican mucho.

FUNCIÓN LOGARÍTMICA
Dominio
Puntos de corte
Signo de la función
Simetría
Asíntotas
Máximos y mínimos
Intervalos de crecimiento
Puntos de inflexión
Curvatura
Tendencia

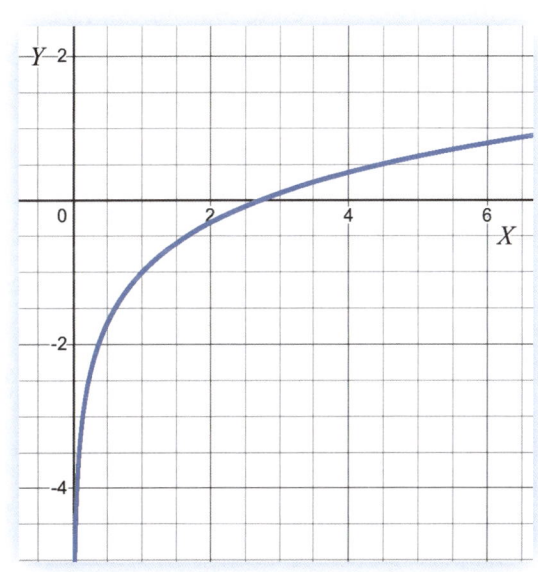

El estudio de la función lo realizaremos sobre la función $f(x) = \ln x - 1$.

Dominio: al tratarse de una función logarítmica, sabemos que no puede tomar valores negativos de la variable x ni el valor 0, resultando que el dominio de $f(x)$ son los valores de x pertenecientes al intervalo $(0, +\infty)$.

En cuanto a los puntos de corte con los ejes de coordenadas, únicamente podemos calcular el punto de corte con el eje x, ya que al tratarse de una función que no tiene en su dominio el valor $x = 0$ no tendrá punto de corte con el eje y.

Calculemos el punto de corte con el eje x:

$$f(x) = 0$$

$$\ln x - 1 = 0 \rightarrow \ln x = 1 \rightarrow x = e$$

El punto de corte con el eje x se corresponde con el punto $(e, 0)$.

Signo de la función: al igual que en casos anteriores, analizaremos el entorno del punto de corte con el eje x.

$$f(x) = \ln x - 1$$

$$f(1) = \ln 1 - 1 = -1 \; Negativo$$

$$f(3) = \ln 3 - 1 = 0,099 \; Positivo$$

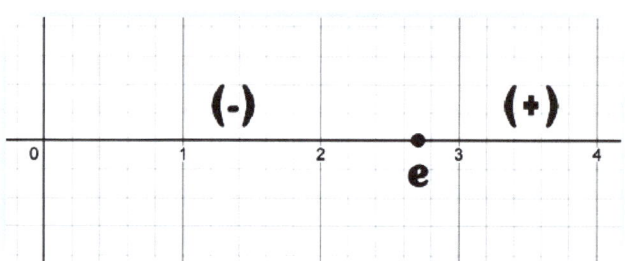

En relación a la simetría de la función, las funciones logarítmicas no presentan simetría de ningún tipo, ya que una de las condiciones para comprobar la simetría de la función es comprobar el valor de la función en $f(-x)$ y la función logarítmica no acepta en su dominio valores negativos de la variable x.

Asíntotas: las funciones logarítmicas son un tipo de función especial en el campo de las asíntotas. No presentan asíntotas horizontales ni oblicuas, pero, en lo que respecta a asíntotas verticales, tendrá una asíntota en el punto de la variable x en el que comienza su dominio. En nuestro caso, el extremo del intervalo en el que comienza el dominio es el 0, por tanto, estudiamos el límite lateral derecho de $x = 0$. No se estudia el límite lateral izquierdo, ya que no entra en el dominio de la función.

$$\lim_{x \to 0^+} \ln x - 1 = -\infty$$

La función tiene una asíntota vertical en $x = 0$.

Llega el momento de realizar el estudio de la primera derivada. De antemano os puedo decir que las funciones logarítmicas no tienen extremos relativos, aunque es necesario realizar este estudio para determinar los intervalos de crecimiento.

$$f(x) = \ln x - 1$$

$$f'(x) = \frac{1}{x}$$

$$f'(x) = 0 \rightarrow \frac{1}{x} = 0 \rightarrow 1 = 0 \; Sin \; solución$$

Al no tener solución, no tiene extremos relativos. Nos quedaría analizar el signo de la primera derivada. Es recomendable realizar este estudio a ambos lados del punto de corte del "eje x" en caso de que lo tenga:

$$f'(x) = \frac{1}{x}$$

$$f'(1) = \frac{1}{1} = Positivo$$

$$f'(3) = \frac{1}{3} = Positivo$$

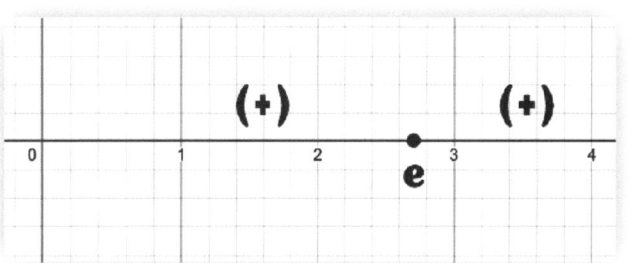

De esta manera, podemos afirmar que la función es creciente en el intervalo $(0, +\infty)$.

Acabado el estudio de la primera derivada, es hora de realizar el estudio de la segunda derivada. Al no tener extremos relativos, la función no tendrá puntos de inflexión, pero es necesario que realicemos el estudio de la segunda derivada para determinar la curvatura:

$$f(x) = \ln x - 1 \rightarrow \ f'(x) = \frac{1}{x}$$

$$f''(x) = \frac{-1}{x^2}$$

$$f''(x) = 0 \rightarrow \frac{-1}{x^2} = 0 \rightarrow -1 = 0 \ \ Sin \ solución$$

De esta manera, demostramos y afirmamos que la función no tiene puntos de inflexión.

En cuanto a la curvatura, igual que con los intervalos de crecimiento, es recomendable dar valores a ambos lados del punto de corte con el "eje x".

$$f''(x) = \frac{-1}{x^2}$$

$$f''(1) = \frac{-1}{1^2} = Negativo$$

$$f''(3) = \frac{-1}{3^2} = Negativo$$

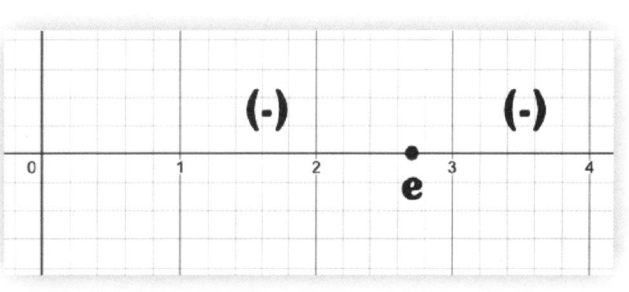

En cuanto a la curvatura, la función es convexa (∩) en el intervalo $(0, +\infty)$.

De cara a finalizar el estudio de la función, nos quedaría analizar la tendencia de la función:

$$\lim_{x \to 0^+} \ln x - 1 = -\infty$$

$$\lim_{x \to +\infty} \ln x - 1 = +\infty$$

Ya tenemos toda la información necesaria para representar la función, quedando su gráfica como podemos ver en la imagen.

De cara a afianzar los conceptos en relación a este tipo de funciones, te recomiendo que veas el vídeo que tienes en el código QR.

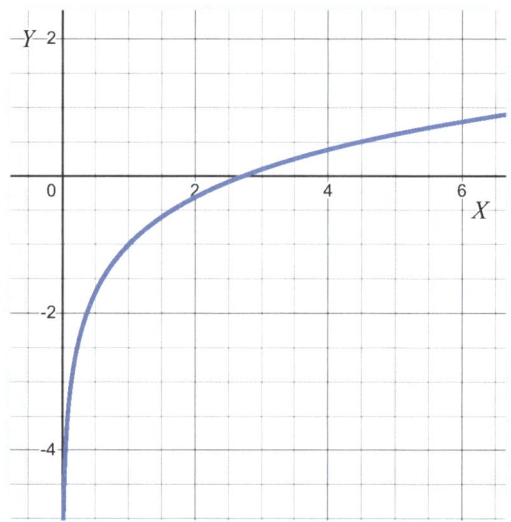

Por último, hay ciertas funciones que nos las darán en modo de función a trozos. De cara a hacer un estudio completo, es mejor que veamos el análisis de este tipo de funciones mediante un vídeo:

$$f(x) = \begin{cases} x^2 + 2x + 1 & si\ x \leq 0 \\ \dfrac{1}{x} - 1 & si\ 0 < x < 1 \\ \ln x & si\ x \geq 1 \end{cases}$$

TOMA AQUÍ TUS NOTAS

EJERCICIOS DE PRUEBAS DE ACCESO A LA UNIVERSIDAD RESUELTOS

■ **Extremadura 2022. Matemáticas II. Convocatoria ordinaria:**

Dada la función:

$$f(x) = \frac{x^3}{1 - x^2}$$

a) Estudiar asíntotas, monotonía y puntos extremos de $f(x)$.

b) Con los datos obtenidos, representar de forma aproximada la gráfica de $f(x)$.

■ **Comunidad de Madrid 2022. Matemáticas aplicadas a las CC. SS. Convocatoria ordinaria:**

Dada la función:

$$f(x) = \frac{x^2 - x + 1}{x - 1}$$

a) Determine sus asíntotas (verticales, horizontales y oblicuas).

b) Calcule $f'(x)$ y halle el valor de $f'(2)$.

■ **Comunidad Valenciana 2022. Matemáticas II. Convocatoria ordinaria:**

Dada la función:

$$f(x) = \frac{x^2 + 3}{x^2 - 4}$$

b) Las asíntotas de la función.

c) Los intervalos de crecimiento y decrecimiento y los extremos relativos.

■ **Comunidad de Madrid 2010. Matemáticas II. Convocatoria ordinaria:**

Dada la función:

$$f(x) = \frac{x^2 + 2}{x^2 + 1}$$

se pide:

a) Estudiar los intervalos de crecimiento y de decrecimiento de $f(x)$.

b) Hallar los puntos de inflexión de la gráfica de $f(x)$.

c) Hallar las asíntotas y dibujar la gráfica de $f(x)$.

De cara a practicar te recomiendo que hagas los siguientes **ejercicios de repaso**:

1. Realiza el estudio completo y representa las siguientes funciones:

$$f(x) = 3x^4 - 6x^2 - 1 \qquad\qquad f(x) = x^3 - 3x^2$$

$$f(x) = \frac{x^3 - 3x^2}{x^2 - 4} \qquad\qquad f(x) = \frac{x^2 - 3x}{e^x}$$

$$f(x) = \sqrt{4x - 2} \qquad\qquad f(x) = \sqrt{3x^2 - 27}$$

$$f(x) = e^{\frac{x}{2}} \qquad\qquad f(x) = e^{-x}$$

$$f(x) = \log{(2x - 8)} \qquad\qquad f(x) = \ln{(-x + 3)}$$

2. Realiza el estudio completo y representa las siguientes funciones a trozos:

$$f(x) = \begin{cases} x^2 + 1 & si\ x \leq 1 \\ \dfrac{x^2 + 1}{x} & si\ 1 < x < 4 \\ x - 1 & si\ x \geq 4 \end{cases}$$

$$f(x) = \begin{cases} 2^x & si\ x \leq 2 \\ 2x + 1 & si\ 2 < x < 5 \\ \dfrac{1}{x - 1} & si\ x \geq 5 \end{cases}$$

$$f(x) = \begin{cases} e^{x+1} & si\ x \leq -1 \\ 2x + 3 & si\ -1 < x < 2 \\ x^2 - 1 & si\ x \geq 3 \end{cases}$$

TOMA AQUÍ TUS NOTAS

7

INTEGRALES INDEFINIDAS

Es inevitable pensar en los productos integrales del supermercado cuando vemos por primera vez este título en el libro de matemáticas, ¿verdad? A día de hoy lo sigo pensando cuando lo explico en clase o en mis vídeos de YouTube.

Deberíamos empezar por lo más sencillo: ¿qué es una integral? La respuesta es sencilla: "La operación inversa a las derivadas". Al igual que la división es la operación inversa a la multiplicación, la integral es la inversa a la derivada.

En el capítulo anterior, vimos que las derivadas tenían unas reglas y unos procedimientos específicos para cada función, pues en la integración va a ser lo mismo. Quizás al principio tengas dudas de si derivas o integras; no te preocupes por ello, nos ha pasado a todos. Hazme caso, llegará el día que incluso prefieras integrar a derivar. Por muy raro que pueda parecer al principio, en cuanto hagas un par de integrales, lo dominarás a la perfección.

La mejor manera de aprender a integrar es empezar desde lo más sencillo. A este tipo de integrales las llamaremos **integrales inmediatas**. Empezamos por integrar funciones polinómicas:

$$\int a\,dx = ax + c \;\;\rightarrow\;\; \int 4\,dx = 4x + c$$

De ahora en adelante, siempre que hagamos una integral indefinida, le añadiremos "$+\,c$" tras integrar. Se trata de una constante de la cual no sabemos el valor a no ser que nos den condiciones específicas. Piensa en derivar: al derivar un número sin incógnita, sea cual sea, su derivada será cero, por eso ponemos la letra "c". Estamos haciendo la operación inversa y, al no tener más información sobre la función integrada, no podremos calcular el valor de la letra "c". Más adelante, haremos un ejercicio específico de esto que te comento en el que calcularemos "c".

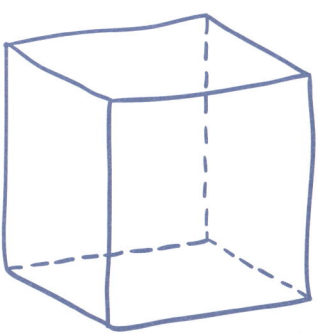

Ahora que ya sabemos lo que significa la letra "c", podemos seguir con las siguientes integrales:

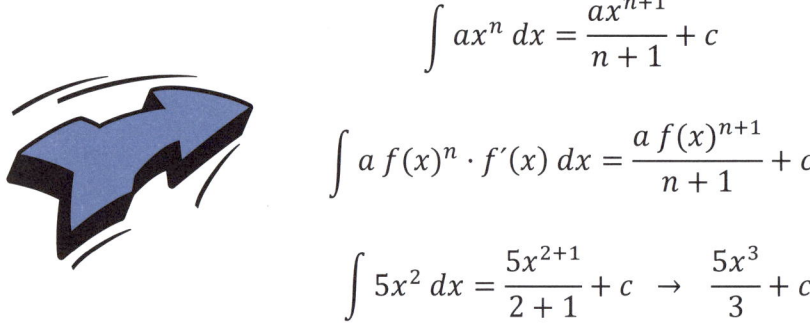

$$\int ax^n \, dx = \frac{ax^{n+1}}{n+1} + c$$

$$\int a \, f(x)^n \cdot f'(x) \, dx = \frac{a \, f(x)^{n+1}}{n+1} + c$$

$$\int 5x^2 \, dx = \frac{5x^{2+1}}{2+1} + c \; \rightarrow \; \frac{5x^3}{3} + c$$

En ocasiones, nos interesará preparar la función antes de integrar. Hay funciones racionales y funciones irracionales que las podremos convertir en polinómicas, lo que hace que sea más sencillo integrar sin necesidad de aprender fórmulas:

$$\int \frac{5}{x^4} \, dx \rightarrow Cambiamos \; el \; signo \; del \; exponente \int 5x^{-4} \, dx$$

Ya podemos integrar como en el caso anterior:

$$\int 5x^{-4} \, dx = \frac{5x^{-4+1}}{-4+1} + c \; = \; \frac{5x^{-3}}{-3} + c \; = \; \frac{-5}{3x^3} + c$$

En el último paso, lo que hacemos es dejar el exponente en positivo cambiándolo al denominador y el signo negativo del denominador lo pasamos al numerador. Deja siempre los signos negativos en el numerador.

Este procedimiento funciona en todas las funciones salvo en la siguiente:

$$\int \frac{1}{x} \, dx = \ln x + c$$

A este tipo de integral le dedicaré más adelante un apartado entero en las integrales de funciones racionales.

En cuanto a funciones irracionales:

$$\int \sqrt[3]{x^2} \, dx \rightarrow \; Pasamos \; la \; raíz \; a \; exponente \; fraccionario \int x^{\frac{2}{3}} \, dx$$

De este modo, la raíz se convierte en una integral exponencial sencilla:

$$\int x^{\frac{2}{3}} \, dx = \frac{x^{\frac{2}{3}+1}}{\frac{2}{3}+1} + c = \frac{x^{\frac{5}{3}}}{\frac{5}{3}} + c = \frac{3x^{\frac{5}{3}}}{5} + c = \frac{3\sqrt[3]{x^5}}{5} + c = \frac{3x\sqrt[3]{x^2}}{5} + c$$

Una vez operemos la suma en el exponente y en el denominador, en los dos últimos pasos lo que hacemos es convertirlo de nuevo en raíz y extraer factores en caso de que sea posible.

Si, por el contrario, prefieres integrar las funciones irracionales con un procedimiento que no implique convertir el numerador en una fracción, la fórmula a usar es la siguiente:

$$\int \sqrt[m]{f(x)^n} \cdot f'(x)\, dx = \frac{m\sqrt[m]{f(x)^{n+m}}}{n+m} + c$$

Es el momento de integrar funciones exponenciales; lejos de parecer un tipo de integración complicada, os diré que se trata de las integrales más sencillas:

$$\int e^x\, dx = e^x + c$$

$$\int e^{f(x)} \cdot f'(x)\, dx = e^{f(x)} + c$$

$$\int a^x\, dx = \frac{a^x}{\ln a} + c \;\rightarrow\; \int 4^x\, dx = \frac{4^x}{\ln 4} + c$$

$$\int a^{f(x)} \cdot f'(x)\, dx = \frac{a^{f(x)}}{\ln a} + c$$

Quizás estés pensando que es el momento de abordar las funciones logarítmicas una vez hemos visto las funciones exponenciales, pero, para integrar funciones logarítmicas, tenemos que esperar un poco más. Es la hora de integrar las funciones trigonométricas:

$$\int sen\, x\, dx = -\cos x + c$$

$$\int f'(x) \cdot sen\, f(x)\, dx = -\cos f(x) + c$$

$$\int \cos x\, dx = sen\, x + c$$

$$\int f'(x) \cdot \cos f(x)\, dx = sen\, f(x) + c$$

$$\left.\begin{array}{c} \int \dfrac{1}{\cos^2 x}\, dx \\[2em] \int 1 + tg^2 x\, dx \end{array}\right\} = tg\, x + c$$

$$\left.\begin{array}{l} \int \dfrac{f'(x)}{cos^2 f(x)}\,dx \\[30pt] \int f'(x)\cdot(1+tg^2 f(x))\,dx \end{array}\right\} = tg\, f(x)+c$$

$$\int \frac{1}{\sqrt{1-x^2}}\,dx = arcsen\, x + c$$

$$\int \frac{f'(x)}{\sqrt{1-f(x)^2}}\,dx = arcsen\, f(x) + c$$

$$\int \frac{-1}{\sqrt{1-x^2}}\,dx = arccos\, x + c$$

$$\int \frac{-f'(x)}{\sqrt{1-f(x)^2}}\,dx = arccos\, f(x) + c$$

$$\int \frac{1}{1+x^2}\,dx = arctg\, x + c$$

$$\int \frac{f'(x)}{1+f(x)^2}\,dx = arctg\, f(x) + c$$

Quizás te preguntes por la integral de la función tangente, ¿verdad? Al igual que las logarítmicas, las veremos un poco más adelante.

¿Qué te parece si hacemos ejemplos de integrales inmediatas? En el código QR tienes varios ejemplos de cada tipo. No dejes de verlo, ya que para pasar al siguiente nivel de dificultad es necesario dominar este tipo de integrales.

Hasta aquí las integrales inmediatas. Si te fijas, en este tipo de integrales no hemos visto cómo integrar funciones compuestas. Antes de llegar a ese momento, es necesario que aprendamos las **propiedades de la integral indefinida**. Son únicamente dos, pero muy importantes.

La primera de ellas es que la integral de la suma es igual a la suma de integrales. Cuando digo suma, me refiero también a la resta, se aplica a las dos:

$$\int f(x) \pm g(x) \pm \ldots dx = \int f(x) \, dx \pm \int g(x) \, dx \pm \ldots$$

$$\int e^x + 2 \, dx = \int e^x \, dx + \int 2 \, dx = e^x + 2x + c$$

La segunda propiedad es quizás la más importante y se usa mucho a la hora de hacer integrales cuasi inmediatas:

$$\int a \, f(x) \, dx = a \cdot \int f(x) \, dx$$

Básicamente, lo que dice esta propiedad es que los números pueden entrar y salir de la integral libremente. Es más, nos da la posibilidad de poder colocar números dentro de la integral en caso de necesitarlos, siempre y cuando fuera de la integral pongamos su inverso. Vemos un ejemplo.

Queremos integrar:

$$\int e^{3x} \, dx$$

Para poder integrarlo necesitaríamos tener la derivada de la función compuesta, es decir, la derivada de "$3x$". Al tratarse de un número, puedo ponerlo dentro de la integral, siempre que fuera de la integral coloque su inverso:

$$\frac{1}{3} \int 3 \cdot e^{3x} \, dx$$

Es como "no hacer nada", ya que por la segunda propiedad podemos sacar el 3 y se nos queda $\frac{3}{3} = 1$, pero, lejos de hacer nada, lo que permites es que podamos integrar la función:

$$\frac{1}{3} \int 3 \cdot e^{3x} \, dx = \frac{1}{3} e^{3x} + c$$

Es por esto que os comentaba que considero que es la propiedad más importante, nos permite preparar las integrales para poder integrarlas.

Llegados a este punto, ya podemos hacer integrales cuasi inmediatas o también llamadas integrales que son necesarias preparar previamente.

La mejor manera de aprender esta técnica es haciendo ejercicios, de tal manera que en el vídeo del código QR tienes ejemplos explicados paso a paso.

No siempre vamos a encontrar integrales inmediatas o que prácticamente están listas para ser integradas. Para poder integrar funciones más complicadas están los métodos de integración. El primero de los métodos de integración que vamos a ver es el relacionado con integrales racionales.

Antes os hablaba de la integral del logaritmo neperiano:

$$\int \frac{1}{x} \, dx = \ln x + c$$

Siempre que tengamos delante una integral racional, lo primero que vamos a hacer es fijarnos si en el numerador tenemos, o podemos conseguir, la derivada del denominador. Si se da este caso, la integral es inmediata y su resultado será el logaritmo neperiano del denominador. Veamos otro ejemplo:

$$\int \frac{2x}{x^2 + 2} \, dx = \ln(x^2 + 2) + c$$

Al tener en el numerador la derivada del denominador, podemos integrarla de inmediato haciendo uso del logaritmo neperiano. Fácil, ¿verdad? Se trata de un tipo de integral que vamos a utilizar mucho y nos ayudará en muchas ocasiones siendo su fórmula general:

$$\int \frac{f'(x)}{f(x)} \, dx = \ln f(x) + c$$

Si recuerdas, en el apartado de integrales trigonométricas no aparecía la integral de la función tangente. Es el momento de abordarla:

$$\int \tan x \, dx \; \rightarrow \; podemos \; convertirla \; en \; \rightarrow \; \int \frac{sen \, x}{\cos x} \, dx$$

¿Qué conseguimos con esto? Si nos fijamos en el denominador y pensamos que la derivada del coseno es el seno pero con signo negativo delante, con un simple signo negativo podemos integrar la función ayudados del logaritmo neperiano:

$$\int \frac{sen \, x}{\cos x} \, dx \rightarrow \; -\int \frac{-sen \, x}{\cos x} \, dx = \; -\ln(\cos x) + c$$

Puesto que se trata de una integral muy importante, lo mejor es que hagamos unas cuantas más. De cara a profundizar en este tipo de integrales y hacerlas todas bien, tiene en el código QR un vídeo con varios ejemplos.

¿Qué pasa cuando no podemos conseguir en el numerador la derivada del denominador? En ese caso tenemos que fijarnos en el grado de los polinomios que forman la fracción polinómica. La integral más sencilla que se nos puede plantear es cuando el grado del numerador es mayor al grado del denominador:

$$\int \frac{x^3 + 2x^2 + 1}{x - 2}\, dx$$

Para resolver este tipo de integral, tenemos que recurrir a la división de polinomios que vimos en secundaria y así preparar la integral:

$$\int \frac{x^3 + 2x^2 + 1}{x - 2}\, dx \rightarrow \int x^2 + 4x + 8 + \frac{17}{x - 2}\, dx$$

De esta manera, conseguimos preparar la integral haciendo que se convierta en una integral muy sencilla:

$$\int x^2 + 4x + 8 + \frac{17}{x - 2}\, dx = \frac{x^3}{3} + 2x^2 + 8x + 17\ln(x - 2) + c$$

Como puedes comprobar, la integral del logaritmo neperiano aparece bastante en los métodos de integración. ¿Necesitas repasar la división de polinomios y te gustaría que hiciéramos más ejemplos de este tipo de integral? No te preocupes, en el código QR tienes un vídeo con más ejemplos.

En otras ocasiones, tendremos integrales que no se ajustan a los criterios de las funciones anteriores, es decir, el numerador no es mayor al del denominador y por muchos ajustes que le podamos hacer no conseguimos la derivada del denominador en el numerador. Este tipo de integrales necesitan un arreglo que no es otro que ser descompuestas en fracciones simples y en función del tipo de raíces que tenga el denominador tendremos varios casos. El primero de ellos es cuando las raíces del denominador son todas reales. Veamos un ejemplo:

$$\int \frac{1}{x^2 - 5x + 6}\, dx$$

No hay manera de conseguir la derivada del denominador en el numerador y el grado del numerador es inferior al del denominador, por lo que no podemos hacer la división de polinomios. Por tanto, nos toca descomponer la fracción en fracciones simples.

Lo primero de todo es comprobar el tipo de raíces que tenemos en el denominador. Para ello, resolvemos la ecuación que resulta de igualar a cero el polinomio del denominador:

$$x^2 - 5x + 6 = 0 \rightarrow x = \frac{5 \pm \sqrt{(-5)^2 - 24}}{2} \rightarrow x = \begin{cases} x = 2 \\ x = 3 \end{cases}$$

Ambas son soluciones reales, diferentes y sin que ninguna se repita. Más adelante, veremos casos en los que tengamos soluciones repetidas, complejas y una mezcla de ambas.

Una vez tenemos las soluciones, podemos continuar con el procedimiento. Lo que hacemos es poner las dos soluciones factorizadas en el denominador de dos fracciones diferentes de las que desconocemos su numerador:

$$\frac{1}{x^2 - 5x + 6} = \frac{A}{(x-2)} + \frac{B}{(x-3)}$$

Lo que pretendemos con este método es conseguir que nuestra fracción inicial se "transforme" en dos más simples. Llegados a este punto, operamos las fracciones del lado derecho del igual:

$$\frac{1}{x^2 - 5x + 6} = \frac{A(x-3)}{(x-2)(x-3)} + \frac{B(x-2)}{(x-2)(x-3)}$$

$$\frac{1}{x^2 - 5x + 6} = \frac{Ax - 3A + Bx - 2B}{(x-2)(x-3)}$$

$$\frac{1}{x^2 - 5x + 6} = \frac{Ax + Bx - 3A - 2B}{(x-2)(x-3)}$$

$$\frac{1}{x^2 - 5x + 6} = \frac{(A+B)x - 3A - 2B}{(x-2)(x-3)}$$

Prácticamente lo tenemos; si te fijas, ambos lados del igual tienen expresiones que hemos obligado a que sean iguales, únicamente nos queda averiguar el valor de A y B haciendo un sencillo sistema de ecuaciones. Antes de plantear el sistema, quizás te ayude este paso:

$$\frac{0x + 1}{x^2 - 5x + 6} = \frac{(A+B)x - 3A - 2B}{(x-2)(x-3)}$$

Si ambos lados del igual son iguales, entonces:

$$\begin{cases} A + B = 0 \\ -3A - 2B = 1 \end{cases}$$

Resolviendo el sistema obtenemos:

$$A = -1 \; y \; B = 1$$

Ya casi hemos acabado, nos queda sustituir estos valores en nuestra integral:

$$\int \frac{1}{x^2 - 5x + 6} \, dx = \int \frac{A}{(x-2)} + \frac{B}{(x-3)} \, dx$$

$$\int \frac{1}{x^2 - 5x + 6} \, dx = \int \frac{-1}{(x-2)} + \frac{1}{(x-3)} \, dx$$

Hemos conseguido que la integral inicial se convierta en dos integrales sencillas de logaritmo neperiano:

$$\int \frac{-1}{(x-2)} + \frac{1}{(x-3)} \, dx = -\ln(x-2) + \ln(x-3) + c$$

En un principio, entiendo que este tipo de integrales puedan parecer algo complicadas por el procedimiento. Cuando lo practiques un poco, verás que se trata de algo sencillo. Tienes en el código QR un vídeo con otro ejemplo para puedas profundizar en el tema y ver cómo se hace paso a paso.

TOMA AQUÍ TUS NOTAS

Como te decía antes, no siempre vamos a tener soluciones reales y distintas en el denominador de nuestra integral. Para analizar el resto de casos, lo mejor es que lo veamos en vídeo. El procedimiento es prácticamente igual, pero tienen algunas diferencias. Tienes a continuación el resto de ejemplos:

Denominador con raíces reales y alguna de ellas repetida.

Denominador con raíces complejas.

Denominador con una mezcla de raíces reales y complejas.

El siguiente de los métodos de integración es uno de los más utilizados, el denominado **integración por partes**. Usaremos este método de integración cuando la integral que nos plantean sea un producto de dos funciones. Por regla general, las funciones que nos vamos a encontrar en este tipo de integrales son polinómicas, exponenciales, logarítmicas y trigonométricas.

Para resolver una integral por este método tendremos que aprendernos una fórmula muy sencilla:

$$\int u \cdot dV = u \cdot V - \int V \cdot du$$

De las dos funciones que nos indiquen en la integral a una de ellas le asignaremos u y a la otra dV. Te recomiendo que le asignes el valor de u a aquella función que se simplifica cuando las derivadas, es decir, si tenemos una función polinómica, al derivarla, su exponente se reducirá, lo que la hace ser más sencilla.

El procedimiento es muy sencillo, una vez hemos decidido el valor de cada función, aquella que le hemos dado el valor de u la derivamos y dV la integramos. En el vídeo te explico la regla de ALPES que hará que todo sea más sencillo para identificar u y dV.

Veamos un ejemplo:

$$\int x \, e^x dx$$

A simple vista, aquella que se simplifica es "x", por lo que le asignamos el valor de u y a e^x el valor de dV. Te recomiendo hacer una tabla como la siguiente:

$$\int x\, e^x dx$$

$u = x$	Derivamos →	$du = 1$
$V = e^x$	← Integramos	$dV = e^x$

Una vez tenemos hecha la tabla, únicamente nos queda sustituir cada uno en la fórmula que hemos visto anteriormente:

$$\int x\, e^x dx = xe^x - \int e^x$$

Para acabar, hacemos la última integral:

$$\int x\, e^x dx = xe^x - \int e^x = xe^x - e^x$$

El resultado final de la integral será:

$$\int x\, e^x dx = xe^x - e^x + c$$

Fácil, ¿verdad? Seguro que al comienzo te imaginabas que era algo más complicado, pero en realidad se trata de un método de integración muy sencillo. De cara a practicarlo un poco más, tienes en el código QR un vídeo con más ejemplos y la regla de ALPES.

Hay un caso especial de integración por partes que se conoce como integral cíclica. Considero que la mejor manera de comprender este tipo de integral es mediante un vídeo. De este modo, tienes en el código QR una explicación con un ejemplo relacionado con este tipo de integral.

El último de los métodos de integración que nos queda por ver es la **integración por cambio de variable.** Se trata de un método especialmente útil cuando te enfrentas a integrales que involucran funciones compuestas, funciones irracionales o exponenciales. La idea principal es seleccionar una parte de nuestra función y cambiarla por una variable "t", esto hará que se simplifique la integral y facilite su resolución. La mejor manera de comprender esto que te comento es haciendo un ejemplo paso a paso:

$$\int x\sqrt{1 - x^2}dx$$

Al tratarse de una función irracional, hacer la integral por cambio de variable es algo muy recomendable. La clave reside en elegir un buen cambio de variable. Por regla general, si nos enfrentamos a una integral irracional, el cambio de variable lo haremos con el radicando, es decir:

$$t = 1 - x^2$$

Ha llegado el momento de poner todas las "x" en función de t; para ello, tenemos que despejar "x" y también derivarla para sustituir en dx:

$$x = \sqrt{1 - t}$$

$$dx = \frac{-1}{2\sqrt{1 - t}}$$

Ya lo tenemos todo hecho, únicamente nos queda sustituir en nuestra integral:

$$\int x\sqrt{1 - x^2}\, dx$$

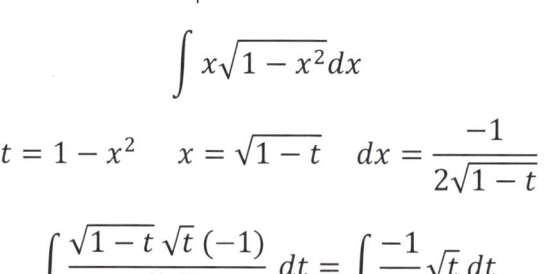

$$t = 1 - x^2 \quad x = \sqrt{1 - t} \quad dx = \frac{-1}{2\sqrt{1 - t}}$$

$$\int \frac{\sqrt{1 - t}\,\sqrt{t}\,(-1)}{2\sqrt{1 - t}}\ dt = \int \frac{-1}{2}\sqrt{t}\ dt$$

Hemos conseguido el objetivo que buscábamos, que la integral se simplifique antes de ser integrada. Ya solo nos quedaría integrar en función de nuestra variable t:

$$\int \frac{-1}{2}\sqrt{t}\ dt \ \rightarrow \ \frac{-1}{2}\int \sqrt{t}\ dt = \frac{-1}{2}\cdot\frac{2\sqrt{t^3}}{3} + c =$$

$$\frac{-\sqrt{t^3}}{3} + c$$

Aún no hemos acabado, pero nos queda poco. Llegados a este punto es necesario deshacer el cambio de variable:

$$t = 1 - x^2$$

De este modo, donde hay "t" ponemos lo que vale. Quedando el resultado final de la integral:

$$\int x\sqrt{1 - x^2}\, dx = -\frac{\sqrt{(1 - x^2)^3}}{3} + c$$

Se trata de un método muy utilizado por su sencillez y su gran utilidad. Los pasos a seguir serán siempre los mismos. De cara a afianzar los conceptos y ver más ejemplos, en el código QR tienes un vídeo con más ejemplos de integrales que se resuelven por este método. Te recomiendo que lo veas.

EJERCICIOS DE PRUEBAS DE ACCESO A LA UNIVERSIDAD RESUELTOS

■ **Extremadura 2022. Matemáticas II. Convocatoria ordinaria:**

7. Determinar la función $f(x)$ tal que su gráfica pase por el origen de coordenadas y su derivada sea:

$$f'(x) = (2x + 1)e^{-x}$$

■ **Navarra 2023. Matemáticas II. Convocatoria ordinaria:**

P5. Calcula las siguientes integrales indefinidas:

a) $\displaystyle\int \frac{2x - 5}{x^2 + x - 2}\, dx$

b) $\displaystyle\int x \ln x \, dx$

■ **Extremadura 2023. Matemáticas II. Convocatoria ordinaria:**

7. Calcular la integral:

$$\int \frac{17 - x}{x^2 + x - 6}\, dx$$

■ **Comunidad de Madrid 2021. Matemáticas II. Convocatoria ordinaria:**

Calcule las siguientes integrales:

a) $\displaystyle\int \frac{x}{x^2 - 1}\, dx$

b) $\displaystyle\int x^2 e^{-x} \, dx$

De cara a practicar te recomiendo que hagas los siguientes ejercicios de repaso:

1. Integra las siguientes funciones:

a) $\displaystyle\int 5x^3 + 2x^2 - 3x - 1 \, dx$

b) $\displaystyle\int \frac{2}{x^3} + 3x^2 + x - 4 \, dx$

c) $\displaystyle\int \sqrt{2x} + \sqrt[5]{3x^2} \, dx$

d) $\displaystyle\int 5x^2 + \frac{2}{\sqrt{x}} + \sqrt{2x + 4} \, dx$

e) $\displaystyle\int e^x - e^{2x+3} \, dx$

f) $\displaystyle\int (4x + 1)e^{6x^2+3x} \, dx$

g) $\displaystyle\int sen\, x - \cos x \, dx$

h) $\displaystyle\int \frac{2x^3 + 2x - 3}{x - 3} \, dx$

i) $\displaystyle\int \frac{2x}{x^2 - 3} \, dx$

j) $\displaystyle\int \frac{3x}{4x^3 - 3} \, dx$

k) $\displaystyle\int \ln x \, dx$

l) $\displaystyle\int x \cdot sen\, x + \cos x \, dx$

m) $\displaystyle\int e^x \cdot \cos x \, dx$

n) $\displaystyle\int \frac{2}{\sqrt{x}} + \frac{x\sqrt{2x}}{4} \, dx$

o) $\displaystyle\int sen^2 x \cdot \cos x \, dx$

p) $\displaystyle\int \frac{e^x}{1 + e^{2x}} \, dx$

q) $\displaystyle\int \frac{1}{4 + x^2} \, dx$

r) $\displaystyle\int x \ln x \, dx$

s) $\displaystyle\int \frac{2x + 3}{x^2 + 4x + 3} \, dx$

t) $\displaystyle\int \frac{3x}{x^3 + 2x^2 - x - 2} \, dx$

u) $\displaystyle\int \sqrt{6x - 5} \, dx$

v) $\displaystyle\int \frac{1}{\sqrt{3x + 4}} \, dx$

w) $\displaystyle\int \frac{x + 1}{1 + x^2} \, dx$

x) $\displaystyle\int \frac{2x^2 - 3x + 2}{x + x^2} \, dx$

y) $\displaystyle\int 3x \cdot \sqrt{2x - 3} \, dx$

8 INTEGRALES DEFINIDAS

Hemos llegado al último capítulo de este viaje matemático y no por ser el último es el menos importante; es más, te diría que es quizás la parte de las matemáticas con más utilidades y mayor importancia. ¿Alguna vez te has preguntado cómo los técnicos forestales son capaces de determinar la superficie quemada de un incendio? Al no ser polígonos regulares la cosa se debería de complicar bastante, ¿no? Pero no es así, gracias a las integrales definidas somos capaces de calcular el área que hay debajo de una curva. Lo mismo sucede con el volumen de cuerpos en revolución. Si tenemos una función que representa la sección transversal de un objeto tridimensional, podemos usar la integral definida para calcular su volumen. Es de gran utilidad para calcular el volumen de una piscina irregular o determinar el coste de una determinada materia prima.

Quizás lo que más te sorprenda es que también se usa en el campo de la probabilidad y la estadística, ya que las integrales definidas pueden utilizarse para calcular probabilidades bajo una curva de densidad de probabilidad.

Las integrales definidas son como una herramienta todo en uno que desbloquea la capacidad de explorar y comprender el mundo matemático que nos rodea. Son esenciales en muchos campos y nos permiten traducir conceptos abstractos en aplicaciones prácticas y muy útiles.

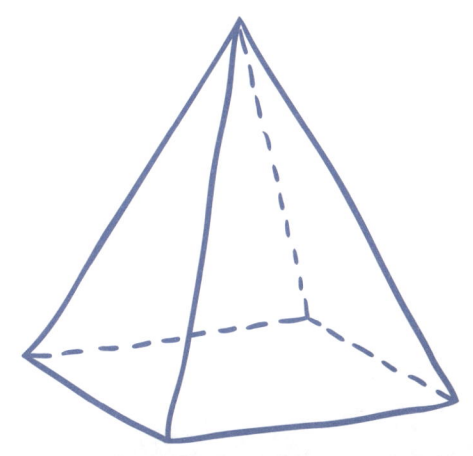

Antes de empezar, quiero darte buenas noticias. Si dominas el capítulo anterior, este te va a resultar muy fácil. No requiere de técnicas de integración nuevas, todo lo que vamos a hacer en este es poner en práctica las integrales que aprendimos anteriormente.

La integral definida es una herramienta matemática que nos ayuda a calcular el área bajo una curva en un intervalo específico:

$$\int_{1}^{2} \sqrt{x+1}\, dx \;\;\rightarrow$$

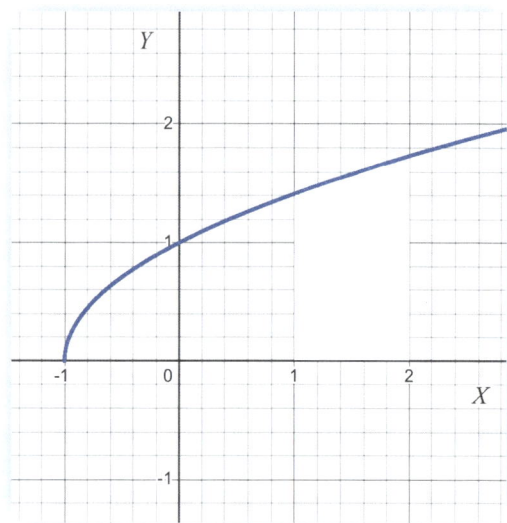

Sabemos que se trata de una integral definida ya que encontramos tanto en la parte baja como en la parte alta del signo de la integral, dos números que serán lo que llamamos límites de la integral, es decir, los valores de la variable x entre los que calcularemos el área bajo la curva y el eje x.

¿Qué pasa si nos encontramos ante esta situación?

$$\int_{-1}^{1} x^{3}\, dx \;\;\rightarrow$$

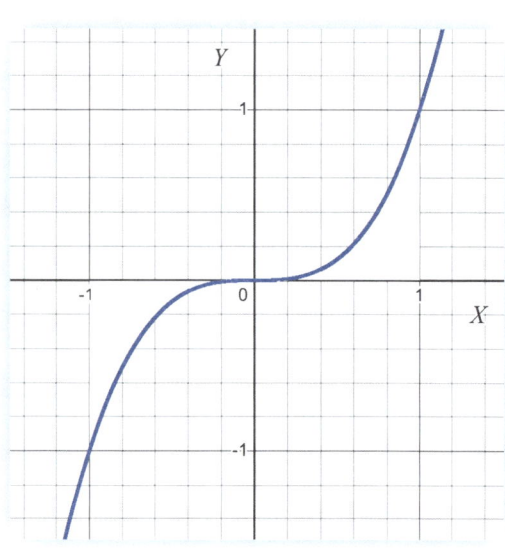

Se puede observar que una parte del área de la curva queda por debajo del eje x. Tenemos que tener mucho cuidado con esto. No siempre tendremos el gráfico para poder comprobarlo, pero lo que sí podemos hacer es comprobar si la función corta al eje x en algún punto de nuestro intervalo de integración. Cuando esto sucede, lo que tenemos que hacer es dividir nuestra integral en varias integrales y aplicar valor absoluto a todas ellas. En nuestro caso corta en $x = 0$, por lo que:

$$\int_{-1}^{1} x^3 \, dx = \left| \int_{-1}^{0} x^3 \, dx \right| + \left| \int_{0}^{1} x^3 \, dx \right|$$

Antes de empezar a integrar es muy importante verificar esto que acabamos de ver.

Ahora bien, ya sabemos qué es una integral definida, qué representa y qué hay que tener en cuenta antes de ponerse a integrar, pero ¿cómo se hace una integral definida?

Las integrales definidas las calculamos gracias a la regla de Barrow, se trata de una herramienta fundamental en el cálculo que establece la relación entre las derivadas y las integrales de funciones. Formalmente se le conoce como el **teorema fundamental del cálculo**.

Esta regla establece que, si tenemos una función $f(x)$ continua en un intervalo cerrado $[a,b]$ y $F(x)$ es una función primitiva de $f(x)$ en ese intervalo, entonces:

$$\int_{a}^{b} f(x)dx = F(b) - F(a)$$

En términos más sencillos, lo que tenemos que hacer es integrar y, una vez tenemos la integral, sustituir el límite superior de la integral en la función integrada y restarle el valor del límite inferior de la función integrada. Como puedes comprobar en este tipo de integrales no se pone el valor de la constante "c".

Hagamos un ejemplo paso a paso:

$$\int_{1}^{2} x^2 - 4 \, dx$$

Primero, comprobamos si hay puntos de corte entre nuestros límites de integración:

$$x^2 - 4 = 0 \ \rightarrow \ x = \sqrt{4} \rightarrow \ x = \pm 2$$

En este caso, no tenemos que dividir la integral en dos, ya que ninguno de los valores se encuentra en el intervalo (1,2), de tal modo que ya podemos integrar.

En segundo lugar, integramos:

$$\int_{1}^{2} x^2 - 4 \, dx = \frac{x^3}{3} - 4x \Big]_{1}^{2}$$

Una vez hemos integrado, antes de aplicar la regla de Barrow, cerramos el resultado de la integral con un corchete y colocamos los límites de la integral definida.

En tercer lugar, aplicamos la regla de Barrow:

$$\int_1^2 x^2 - 4 \, dx = \frac{x^3}{3} - 4x \Big]_1^2 = \left(\frac{2^3}{3} - 4 \cdot 2\right) - \left(\frac{1^3}{3} - 4 \cdot 1\right) =$$

$$\left(\frac{8}{3} - 8\right) - \left(\frac{1}{3} - 4\right) = -\frac{5}{3}$$

Como puedes comprobar, se trata de una labor muy sencilla en la que la única complicación que tiene es no comprobar si tenemos un punto de corte en nuestro intervalo de integración; además, no hay que confundirse a la hora de sustituir los límites de integración y operar el resultado.

Es el momento de abordar el método para calcular el **área de recintos planos**. Nos podemos encontrar dos situaciones. La primera de ellas es que nos manden a calcular el área limitada por una función $f(x)$, el eje x y dos rectas $x = a$ y $x = b$, que vendría a ser exactamente lo mismo que vimos antes en la integral definida, pero con una pequeña apreciación. Tendremos que hacer la integral definida de la función valor absoluto.

$$\int_a^b |f(x)| \, dx$$

No tiene complicación alguna, es algo que ya hemos visto en este capítulo. Consiste en tener cuidado y analizar si la función tiene algo de su recorrido con signo negativo, para simplemente ponerle un valor absoluto y hacerlo positivo. Hagamos dos ejemplos.

El primero de ellos:

$$\int_0^1 e^x \, dx = e^x]_0^1 = e^1 - e^0 = 1{,}718 \, u^2$$

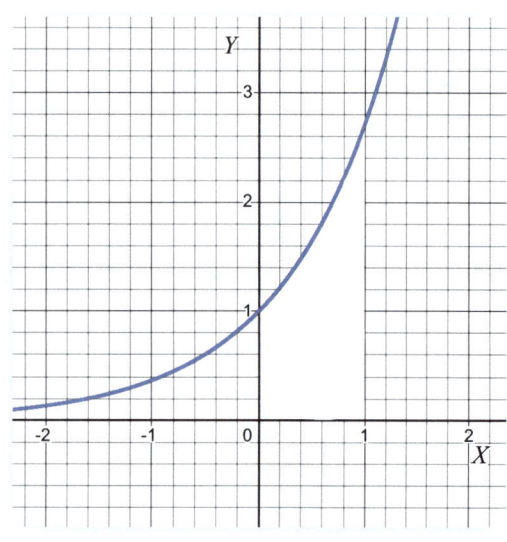

En este caso, no tenemos parte de la función que sea negativa, por lo que podemos hacer la integral definida directamente. Es importante poner u^2 tras el resultado, ya que se trata de un área.

En nuestro segundo caso, haremos una integral en la que encontremos parte de nuestra función por debajo del "eje x":

$$\int_{-1}^{1} x^4 - x \, dx$$

Lo primero de todo es comprobar si tenemos algún punto de corte con el eje x dentro de nuestros límites de integración:

$$x^4 - x = 0 \rightarrow \; x \cdot (x^3 - 1) = 0 \rightarrow \; x = \begin{cases} x = 0 \\ x = 1 \end{cases}$$

En esta ocasión, hemos encontrado que una de las soluciones está dentro de los límites de la integral, por lo que tendremos que dividir la integral en dos:

$$\int_{-1}^{1} x^4 - x \, dx$$

$$\int_{-1}^{1} x^4 - x \, dx = \left| \int_{-1}^{0} x^4 - x \, dx \right| + \left| \int_{0}^{1} x^4 - x \, dx \right|$$

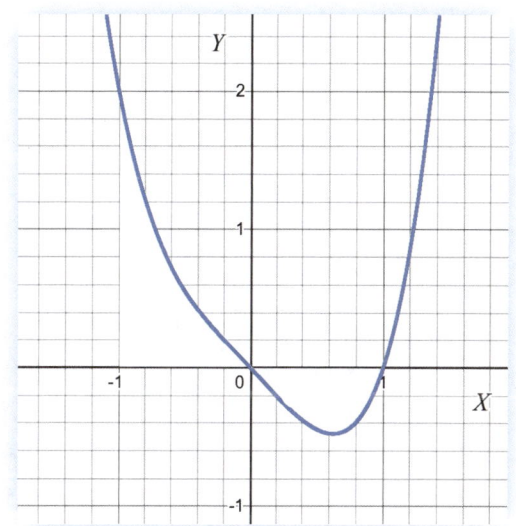

Por regla general, no vas a tener la gráfica de la función para saber qué trozo de la función se corresponde con la parte negativa del eje y, así que, de cara a no perder tu valioso tiempo, te aconsejo poner en valor absoluto ambas integrales definidas. De esta manera te ahorrarás mucho tiempo en tu examen.

$$\int_{-1}^{1} x^4 - x \, dx = \left| \int_{-1}^{0} x^4 - x \, dx \right| + \left| \int_{0}^{1} x^4 - x \, dx \right| \rightarrow$$

$$\left| \frac{x^5}{5} - \frac{x^2}{2} \right]_{-1}^{0} \left| + \right| \frac{x^5}{5} - \frac{x^2}{2} \right]_{0}^{1} \left| \rightarrow \right.$$

$$\left| \left(\frac{0^5}{5} - \frac{0^2}{2} \right) - \left(\frac{(-1)^5}{5} - \frac{(-1)^2}{2} \right) \right| + \left| \left(\frac{1^5}{5} - \frac{1^2}{2} \right) - \left(\frac{0^5}{5} - \frac{0^2}{2} \right) \right| \rightarrow$$

$$\frac{7}{10} + \frac{3}{10} = 1u^2$$

¿Qué te parece si hacemos dos ejemplos más y reforzamos esta parte del cálculo de áreas? Aparentemente puede parecer algo complicado, pero, en cuanto hagas dos, te darás cuenta de que son muy sencillas. Tienes en el código QR un vídeo con más ejemplos.

El siguiente reto que nos podemos encontrar en un examen es calcular el **área de la región limitada por dos curvas**. Antes de que te invada el miedo, déjame que te diga que es muy sencillo de hacer. Hay que seguir unos simples pasos, que serán siempre los mismos. Hagamos un ejemplo: se nos pide calcular el área delimitada por las gráficas de las funciones $f(x) = 2x$ y $g(x) = -x^2 + 4x$.

El primer paso es determinar los puntos en los que se cortan ambas funciones; para ello, igualamos sus expresiones y resolvemos la ecuación:

$$f(x) = g(x)$$

$$2x = -x^2 + 4x \rightarrow x^2 - 2x = 0 \rightarrow x = \begin{cases} x = 0 \\ x = 2 \end{cases}$$

Las soluciones de la ecuación serán los límites de integración.

El siguiente paso es buscar un valor intermedio de nuestros límites de integración, en este caso $x = 1$, pero podría haber elegido cualquier otro y sustituirlo en las funciones:

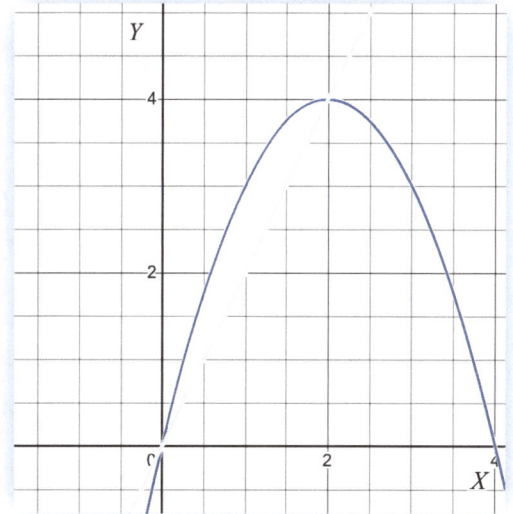

$$f(1) = 2 \cdot 1 = 2$$

$$g(1) = -1^2 + 4 \cdot 1 = 3$$

La finalidad de este paso es determinar cuál de las dos funciones se encuentra encima de la otra. La función cuya imagen sea superior, en este caso $g(x)$, será aquella que se encuentre encima.

Ya casi hemos terminado. El cálculo del área pedida será el resultado de la siguiente integral:

$$\int_0^2 g(x) - f(x)\, dx$$

Aquí viene la importancia de determinar la función que se encuentra encima de la otra, ya que a la función que se encuentre por encima le restamos la menor para después concluir el ejercicio integrando:

$$\int_0^2 (-x^2 + 4x) - (2x)dx$$

$$\int_0^2 -x^2 + 2x\, dx$$

$$\int_0^2 -x^2 + 2x\, dx = \left. -\frac{x^3}{3} + x^2 \right]_0^2 = \left(-\frac{2^3}{3} + 2^2 \right) - \left(-\frac{0^3}{3} + 0^2 \right) = \frac{4}{3}\, u^2$$

Se trata de un procedimiento muy sencillo y fácil de recordar. Muchas veces el enunciado de este tipo de ejercicios nos da algo de miedo, pero, una vez que haces dos ejemplos, deseas que te pongan un ejercicio de este tipo en el examen. Además, por regla general, no suelen complicar mucho este tipo de ejercicios en las pruebas de acceso a la universidad. ¿Hacemos un ejemplo más? Tienes en el código QR un ejemplo más para que veas que son todos igual de sencillo.

De cara a finalizar este capítulo y la parte teórica del libro, únicamente nos queda ver cómo se calcula el **volumen de sólidos de revolución**. Una vez más, tenemos un título que nada más leerlo nos abre los ojos y enciende las alarmas, pero la realidad es que se trata de un procedimiento muy sencillo que se realiza mediante una fórmula:

$$V = \int_a^b dV = \int_a^b \pi[f(x)]^2 dx$$

Hagamos un ejemplo en el que se nos pide calcular el volumen de un cono que resulta de rotar alrededor del eje x el área generada por la función $y = x + 3$ limitado por las rectas $x = 1$ y $x = 3$.

Únicamente tenemos que hacer uno de la fórmula, ya que tenemos todo lo necesario:

$$V = \int_1^3 \pi(x - 3)^2 dx$$

$$V = \pi \int_1^3 x^2 - 6x + 9 \, dx = \pi \left(\frac{x^3}{3} - 3x^2 + 9x \Big]_1^3 \right) \rightarrow$$

$$\pi \left[\left(\frac{3^3}{3} - 3 \cdot 3^2 + 9 \cdot 3 \right) - \left(\frac{1^3}{3} - 3 \cdot 1^2 + 9 \cdot 1 \right) \right] = \frac{8\pi}{3} \, u^3$$

En esta ocasión, al tratarse de un volumen, las unidades con las que tenemos que acompañar el resultado son unidades cúbicas.

¿Hacemos un ejemplo más? Quiero que veas que son todos los ejemplos igual de sencillos de realizar. En pruebas de acceso a la universidad, no es común este tipo de ejercicios, pero en primero de carrera seguramente te lo pedirán. Tienes en el código QR un vídeo con otro ejemplo que te animo a visitar.

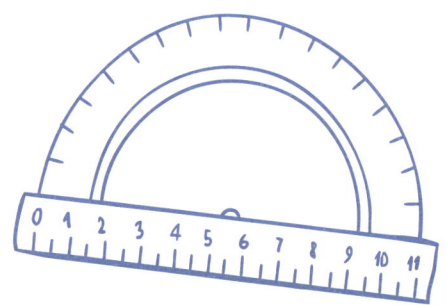

EJERCICIOS DE PRUEBAS DE ACCESO A LA UNIVERSIDAD RESUELTOS

- **Galicia 2023. Matemáticas II.
  Convocatoria ordinaria:**

  Calcule el área de la región determinada por las desigualdades $x \geq 1$, $y \leq x$ e $y \geq f(x)$, con $f(x) = x \ln x$. Haga un esbozo gráfico de la región. Nota: $\ln x$ es el logaritmo neperiano de x.

- **Islas Baleares 2023. Matemáticas II.
  Convocatoria ordinaria:**

  P6. Representa la región comprendida entre la curva

  $$f(x) = \frac{2x}{x^2 + 1}$$

  el eje de abscisas (eje OX) y las rectas $x = 0$ y $x = 7$. Calcula el área.

- **Canarias 2022. Matemáticas II.
  Convocatoria ordinaria:**

  1B. Considera las siguientes funciones: $y = 3x - x^2$; $y = x - 3$.

  a) Representa el recinto que encierra las dos funciones anteriores.

  b) Calcula el área del recinto limitado por las funciones anteriores.

- **Comunidad de Madrid 2023. Matemáticas II.
  Convocatoria ordinaria:**

  Dada la función:

  $$f(x) = \begin{cases} \dfrac{x^2}{2 + x^2}, & si\ x \leq -1 \\ \dfrac{2x^2}{3 - 3x}, & si\ x > -1 \end{cases}$$

  c) Calcular la siguiente integral: $\displaystyle\int_{-1}^{0} f(x)\,dx$

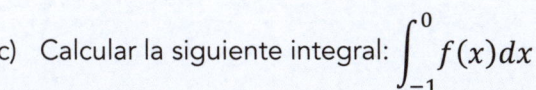

De cara a practicar te recomiendo que hagas los siguientes **ejercicios de repaso**:

1. Calcula las siguientes integrales definidas:

$$\int_0^2 2\,dx$$

$$\int_1^2 \frac{x^2}{2} + 4x + \frac{2}{x}\,dx$$

$$\int_1^2 \sqrt{3x - 2}\,dx$$

$$\int_0^1 \frac{2x}{x^2 + 1}\,dx$$

$$\int_0^2 3e^x + x\,dx$$

2. Calcula el área que se indica:

$$\int_0^4 \frac{3x - 6}{2}\,dx$$

$$\int_2^4 x^2 - 3x + 4\,dx$$

$$\int_{-1}^3 \frac{x^2 - 6x + 5}{2}\,dx$$

$$\int_1^e \ln x^2\,dx$$

$$\int_1^4 \frac{3}{x}\,dx$$

3. Calcula el área entre las curvas:

a) $f(x) = x^2$ y $g(x) = 4x$

b) $f(x) = x^2$ y $g(x) = x^3 - 2x^2 + 2x$

c) $f(x) = x^3 - 3x^2 + 3x$ y $g(x) = x$

4. Calcula el volumen generado por recinto plano determinado por la curva:

$f(x) = x - x^3$ y el eje OX.

5. Calcula el volumen generado por recinto plano determinado por la curva:

$f(x) = sen\,x$ y el eje OX entre 0 y π.

TOMA AQUÍ TUS NOTAS

CAPÍTULO 1

a) $\mathbb{R}$

b) $\mathbb{R} - \{-3, 3\}$

c) $\mathbb{R} - \{-2, 3, 1\}$

d) $\mathbb{R} - \{-1, 2\}$

e) $\mathbb{R} - \{-3, 2, 3\}$

f) $\mathbb{R}$

g) $(-2, +\infty)$

h) $(-\infty, -5) \cup (5, +\infty)$

i) $(-7, -2) \cup (-2, 0) \cup (0, 7)$

j) $(-\infty, -2) \cup (1, +\infty)$

k) $\mathbb{R}$

l) $[-4, 0) \cup (0, 4]$

m) $\mathbb{R} - \{-1\}$

n) $(0, +\infty)$

o) $(9, +\infty)$

p) $(-\infty, -1) \cup (1, +\infty)$

q) $\mathbb{R} - \{-1, 1\}$

r) $\mathbb{R} - \{90 \pm 180n\}$

CAPÍTULO 2

①

1) 1

2) $1^- = -\infty$
$1^+ = +\infty$

3) 0

4) $-\infty$

5) $-\infty$

6) $4/3$

7) $-\infty$

8) 1

9) $-3^- = -\infty$
$-3^+ = -\infty$
$3^- = -\infty$
$3^+ = +\infty$

10) $1^- = -\infty$
$1^+ = +\infty$

11) 5

12) $-\infty$

13) 0

14) $1^- = -\infty$
$1^+ = +\infty$

15) $+\infty$

16) 1

②

   a) $a = 8$

   b) $a = 0$

   c) $a = -2$

CAPÍTULO 3

①

   1)   Discontinua en $x = 2$ 4)   Continua en $\mathbb{R}$

   2)   Discontinua en $x = 0$ y $x = 1$ 5)   Discontinua en $(0, 3)$

   3)   Discontinua en $x = 1$ y $x = 2$ 6)   Discontinua en $x = 1$ y $(3, 4)$

②

   1) $a = 7$ 3) $a = 13/4$

   2) $a = 6$ 4) $\nexists$

③

   1) $a = 2;\ b = -2$ 2) $a = 8/3;\ b = 14/3$ 3) $a = 5;\ b = 5$

CAPÍTULO 4

①

   a) $f'(x) = 6x + 2$

   b) $f'(x) = \dfrac{-6}{x^3} + 3$

   c) $f'(x) = \dfrac{3}{2\sqrt{3x}} + \dfrac{10}{3\sqrt[3]{25x}}$

   d) $f'(x) = \dfrac{-1}{x\sqrt{x}} - 6x + \dfrac{3}{2\sqrt{3x - 1}}$

e) $f'(x) = \dfrac{\sqrt{x}e^x - \dfrac{e^x}{2\sqrt{x}}}{x}$

f) $f'(x) = e^{5x^2+3x}(10x + 3) + 3^{x+2}\ln 3$

g) $f'(x) = 8x2^x + 4x^2 2^x \ln 2$

h) $f'(x) = \dfrac{(4x + e^x)(5^x + 2x) - (2x^2 + e^x)(5^x \ln 5 + 2)}{(5^x + 2x)^2}$

i) $f'(x) = \dfrac{1}{2\sqrt{\dfrac{2x^3 - 3x}{e^x + 5x^3}}} \dfrac{(6x^2 - 3)(e^x + 5x^3) - (2x^3 - 3x)(e^x + 15x^2)}{(e^x + 5x^3)^2}$

j) $f'(x) = \dfrac{2z + 2}{x^2 + 2x - 1}$

k) $f'(x) = \dfrac{e^x + 2^x}{5x^2 + 3x}\left(\dfrac{(10 + 3)(e^x + 2^x) - (5x^2 + 3x)(e^x + 2^x \ln 2)}{(e^x + 2^x)^2}\right)$

l) $f'(x) = \cos x - \operatorname{sen} x$

m) $f'(x) = e^x \cos x - e^x \operatorname{sen} x$

n) $f'(x) = -\operatorname{sen}\sqrt{\dfrac{3x^2 + 1}{e^x}} \dfrac{1}{2\sqrt{\dfrac{3x^2 + 1}{e^x}}}\left(\dfrac{6xe^x - (3x^2 + 1)e^x}{e^{2x}}\right)$

o) $f'(x) = (15x^2 + 1)(x^2 + 3^x) + (5x^3 + x)(2x + 3^x \ln 3)$

p) $f'(x) = \dfrac{1}{2\sqrt{\dfrac{2}{x^2} + \dfrac{3x^2 + 8x}{x^3}}}\left(\dfrac{-4}{x^3} + \dfrac{(6x + 6)(x^3) - (3x^2 + 8x)(3x^2)}{x^6}\right)$

q) $f'(x) = \dfrac{-\operatorname{sen}x(x\sqrt{x}) - \cos x\left(\sqrt{x} + \dfrac{x}{2\sqrt{x}}\right)}{x^3}$

r) $f'(x) = \dfrac{e^x + 1 + tg^2 x}{3\sqrt[3]{(e^x + tgx)^2}}$

s) $f'(x) = \left(\dfrac{e^x - 1}{e^x + x^2}\right)\left(\dfrac{(e^x + 2x)(e^x - 1) - (e^x + x^2)e^x}{(e^x - 1)^2}\right)$

t) $f'(x) = \dfrac{2xe^x + x^2 e^x + 6x}{4\sqrt[4]{(x^2 e^x + 3x^2)^3}}$

u) $f'(x) = -senx - 2\cos x\, senx - 2sen\,2x$

v) $f'(x) = \dfrac{2\cos 2x}{sen\,2x}$

w) $f'(x) = \dfrac{(e^x + 5)\ln(3x^2 - \cos x) - (e^x + 5x)\dfrac{6x\cos x - 3x^2 senx}{3x^2 \cos x}}{(\ln(3x^2 \cos x)\;)^2}$

x) $f'(x) = 10(1 + tg^2 5x)$

y) $f'(x) = \dfrac{1}{2\sqrt{\dfrac{e^x \cos x}{\ln x^3 + e^x}}}\left(\dfrac{(e^x \cos x - e^x senx)(\ln x^3 + e^x) - (e^x \cos x)\dfrac{3x^2 + e^x}{x^3 + e^x}}{(\ln x^3 + e^x)^2}\right)$

②

1) Continua en $x = 0$
   Discontinua en $x = 2$

   No derivable en $x = 0$
   No derivable al no ser continua

2) Discontinua en $(1, 2)$

   No derivable

③

1) $a = 1$
   $b = -1$
   Continua

2) $a = 1$
   $b = 6$
   Continua y derivable

CAPÍTULO 5

①

$$y - \sqrt{11} = \frac{3\sqrt{11}}{22}(x - 3)$$

②

$$y - 4 = -2(x - 2)$$

③

1)	1/2	6)	1
2)	0	7)	0
3)	1	8)	1
4)	3	9)	0
5)	0	10)	2

④

1)

Máx. $(0, 3)$ Crece $(-1, 0) \cup (1, +\infty)$
Mín. $(-1, 2)$ y $(1, 2)$ Decrece $(-\infty, -1) \cup (0, 1)$

2)

Máx. $(0, 0)$ Crece $(-\infty, 0) \cup (4, +\infty)$
Mín. $(4, 8)$ Decrece $(0, 2) \cup (2, 4)$

⑤

Base 3 m
Altura 1,5 m

CAPÍTULO 6

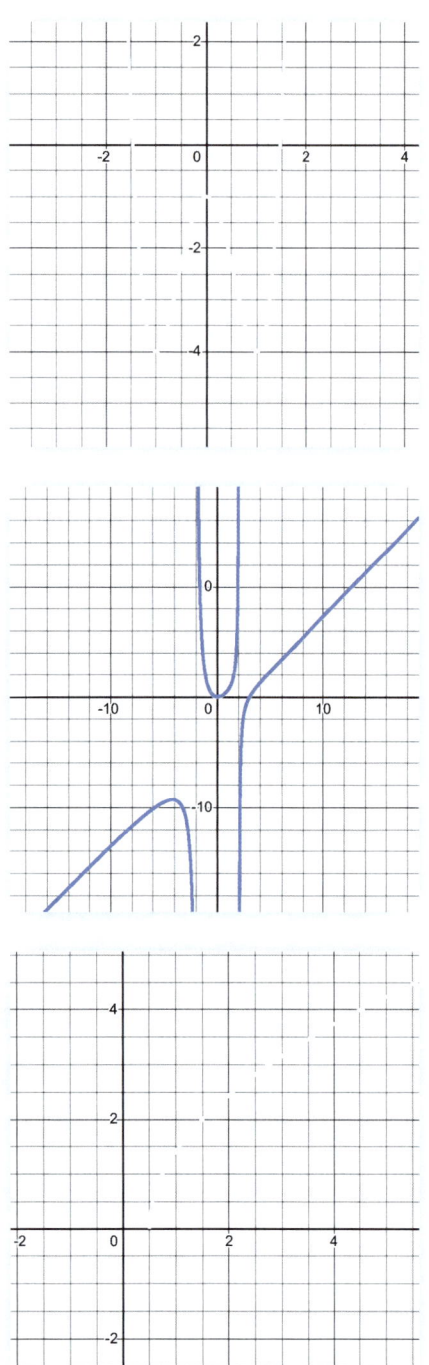

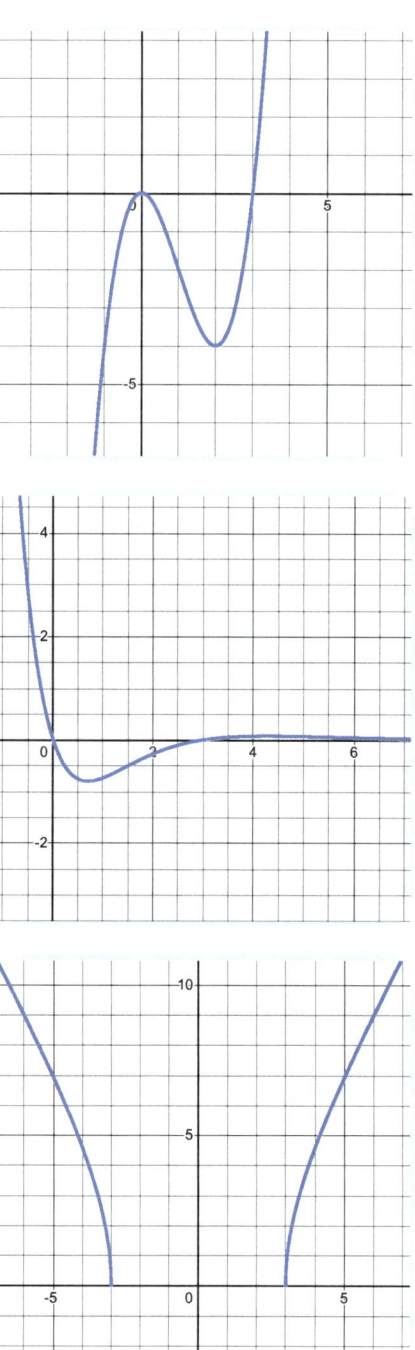

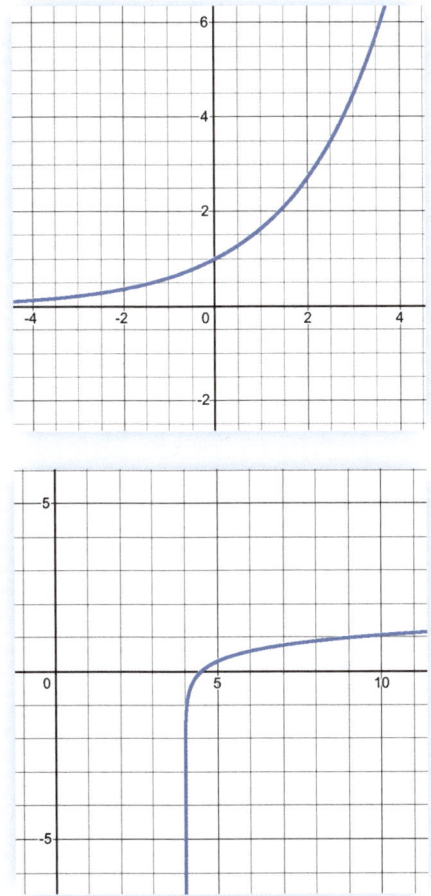

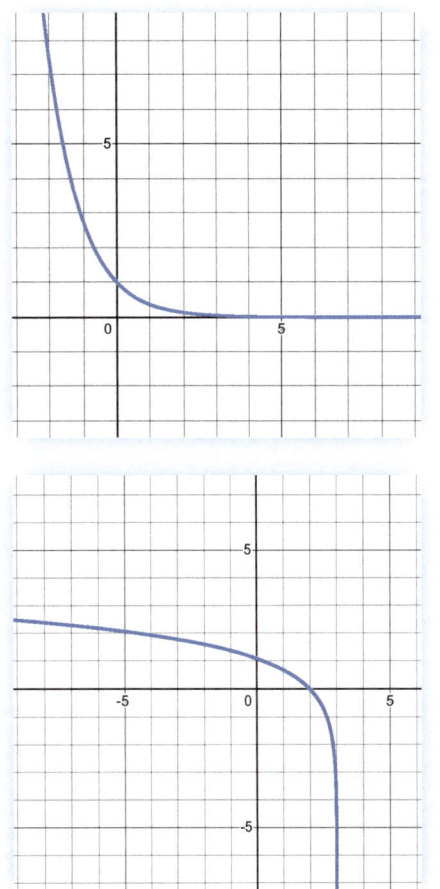

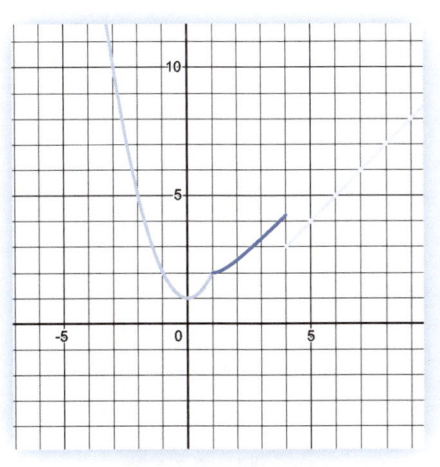

 ②

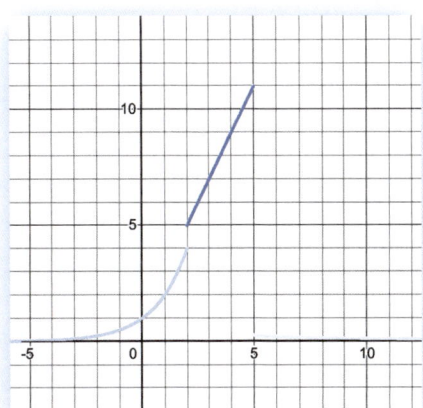

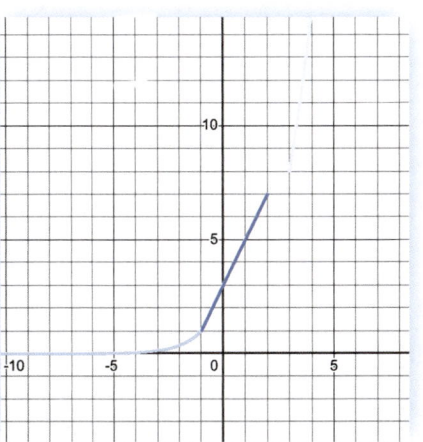

CAPÍTULO 7

a) $f'(x) = \dfrac{5x^4}{4} + \dfrac{2x^3}{3} - \dfrac{3x^2}{2} - x + c$

b) $f'(x) = \dfrac{-1}{x^2} + x^3 + \dfrac{x^2}{2} - 4x + c$

c) $f'(x) = \dfrac{\sqrt{2x}}{3} + \dfrac{5\sqrt[5]{3x^7}}{7} + c$

d) $f'(x) = \dfrac{5x^3}{3} + 4\sqrt{x} + \dfrac{\sqrt{(2x+4)^3}}{3} + c$

e) $f'(x) = e^x - \dfrac{e^{2x+3}}{2} + c$

f) $f'(x) = \dfrac{e^{6x^2+3x}}{3} + c$

g) $f'(x) = -\cos x - senx + c$

h) $f'(x) = \dfrac{2x^3}{3} + 3x^2 + 20x + 57\ln(x-3) + c$

i) $f'(x) = \ln(x^2 - 3) + c$

j) $f'(x) = \dfrac{\ln(4x^3 - 3)}{4} + c$

k) $f'(x) = x\,lnx - x + c$

l) $f'(x) = 2senx - xcosx + c$

m) $f'(x) = \dfrac{e^x(senx + cosx)}{2} + c$

n) $f'(x) = \dfrac{\sqrt{x}\,(\sqrt{2}\,x^2 + 40)}{10} + c$

o) $f'(x) = \dfrac{sen^3x}{3} + c$

p) $f'(x) = arctg\, e^x + c$

q) $f'(x) = \dfrac{arctg\,\dfrac{x}{2}}{2} + c$

r) $f'(x) = \dfrac{x^2(2\ln x - 1)}{4} + c$

s) $f'(x) = \dfrac{3\ln(x + 3)}{2} + \dfrac{\ln(x + 1)}{2} + c$

t) $f'(x) = 3\left(-\dfrac{2\ln(x + 2)}{3} + \dfrac{\ln(x + 1)}{2} + \dfrac{\ln(x + 1)}{6}\right) + c$

u) $f'(x) = \dfrac{\sqrt[3]{(6x - 5)^2}}{9} + c$

v) $f'(x) = \dfrac{2\sqrt{3x + 4}}{3} + c$

w) $f'(x) = \dfrac{\ln(x^2 + 1)}{2} + artg\, x + c$

x) $f'(x) = 2(\ln x + x) - 7\ln(x + 1) + c$

y) $f'(x) = \dfrac{3(x + 1)\sqrt{(2x - 3)^3}}{5} + c$

CAPÍTULO 8

①

1) 4   2) 8,55   3) 14/9

4) 0,69   5) 21,17

②

1) $6\,u2$ 2) $26/3\,u2$ 3) $8\,u2$

4) $2\,u2$ 5) $4,16\,u2$

③

a) $32,3\,u2$ b) $1/2\,u2$ c) $1/2\,u2$

④

$\dfrac{16\pi}{105}\,u^3$

⑤

$4,93\,u^3$

¡MUCHAS GRACIAS!

Ha sido un placer ser tu profesor.

Estoy muy orgulloso de ti.

"Nos vemos en el siguiente vídeo".

Sube fotos y vídeos en las que salga el libro a tus redes
y no olvides etiquetarme para que las pueda ver y repostear.

Nos vemos en redes sociales.